Louis Figuier

La Télégraphie Sous-Marine

Les Merveilles de la science

Le code de la propriété intellectuelle du 1er juillet 1992 interdit en effet expressément la photocopie à usage collectif sans autorisation des ayants droit. Or, cette pratique s'est généralisée dans les établissements d'enseignement supérieur, provoquant une baisse brutale des achats de livres et de revues, au point que la possibilité même pour les auteurs de créer des oeuvres nouvelles et de les faire éditer correctement est aujourd'hui menacée. En application de la loi du 11 mars 1957, il est interdit de reproduire intégralement ou partiellement le présent ouvrage, sur quelque support que ce soir, sans autorisation de l'Editeur ou du Centre Français d'Exploitation du Droit de Copie , 20, rue Grands Augustins, 75006 Paris.

ISBN : 978-1519556530

10 9 8 7 6 5 4 3 2 1

Louis Figuier

La Télégraphie Sous-Marine

Les Merveilles de la science

Table de Matières

CHAPITRE PREMIER

PREMIERS ESSAIS DE TÉLÉGRAPHIE SOUS-MARINE DANS L'INDE, EN AMÉRIQUE ET EN ANGLETERRE : MM. O'SHANGHUESSY, MORSE, WHEATSTONE, COLT ET ROBINSON. — IMPORTATION EN EUROPE DE LA GUTTA-PERCHA. — EXPÉRIENCE DE M. WALKER EN 1842. — M. JACOB BRETT TENTE D'ÉTABLIR EN 1850, UNE LIGNE SOUS-MARINE DE DOUVRES À CALAIS. — REPRISE DES TRAVAUX EN 1851 PAR MM. WOLLASTON ET CRAMPTON. — POSE DU CABLE DE DOUVRES À CALAIS, LE 8 OCTOBRE 1851.

Nous n'avons encore parlé que des télégraphes électriques établis sur la terre ; nous n'avons considéré jusqu'ici que ces fils métalliques élevés dans l'espace, et soutenus par des supports isolants, au milieu de l'air, qui est par lui-même mauvais conducteur de l'électricité. Il nous reste à faire connaître l'entreprise extraordinaire qui a eu pour résultat de créer des communications du même genre à travers la mer, c'est-à-dire au milieu de la substance la plus susceptible, en raison de son extrême conductibilité, de disséminer le fluide électrique. Considérée longtemps comme un beau rêve, cette œuvre glorieuse a été enfin réalisée avec un complet bonheur, et maintenant plusieurs contrées, séparées les unes des autres par la mer, sur une distance considérable, sont en relation électrique continue, et correspondent d'une manière instantanée, comme si elles n'étaient séparées que par un intervalle de quelques lieues. C'est le tableau de cette nouvelle et incomparable merveille de la science contemporaine, que nous avons maintenant à retracer.

La théorie démontrait qu'il serait possible d'établir des communications électriques au sein même des eaux douces ou salées. Quelle que soit la conductibilité électrique de l'eau chargée de sels qui occupe le bassin des mers, un fil métallique n'a besoin pour la franchir, sans perdre l'électricité qui le parcourt, que d'être revêtu sur toute son étendue, d'une enveloppe isolante. Mais les difficultés pratiques étaient immenses pour la réalisation de ce projet, car les substances de nature à servir de fourreau isolateur, étaient toutes d'un prix élevé ou trop cassantes. Le caoutchouc, excellent isolateur de l'électricité, avait l'inconvénient d'être cher et de s'altérer promptement au milieu de l'eau.

L'importation en France de la *gutta-percha* permit seule de résoudre ce grand problème pratique. La gutta-percha, qui fut importée en Europe, en 1849, par la mission qu'avait envoyée en Chine le gouvernement français, et qui fut introduite en Angleterre, par M. Montgomery, chirurgien de Singapore, vint fournir la substance si longtemps cherchée. La gutta-percha est un corps qui ressemble beaucoup au caoutchouc, mais qui a sur cette dernière substance, l'avantage, capital dans le cas qui nous occupe, d'être absolument inaltérable dans l'eau, douce ou salée ; ce qui la rend vraiment inappréciable comme enveloppe isolatrice des conducteurs sous-marins.

Nous rappellerons en quelques mots, les tentatives qui avaient été faites, pour la création de la télégraphie sous-marine, avant que l'on eût connaissance de la gutta-percha, et lorsqu'il fallait s'adresser à des corps isolants de propriétés plus ou moins avantageuses.

Fait assez singulier, c'est dans l'Inde, dans l'Inde anglaise, que fut faite la première expérience, tendant à placer sous l'eau un conducteur télégraphique. En 1839, sir O'Shanghuessy, qui s'occupait d'établir dans l'Inde des lignes de télégraphie électrique, à l'imitation des essais qui se faisaient à la même époque, en Angleterre, fit la première expérience relative à la transmission des courants sous l'eau. Il immergea dans le fleuve Hougly, l'une des bouches du Gange, près de Calcutta, un fil de cuivre, aboutissant à des appareils télégraphiques. Des signaux furent ainsi transmis d'une rive à l'autre. Cette expérience suffisait pour établir la possibilité des lignes sous-marines.

En 1840, M. Wheatstone soumit à la chambre des communes d'Angleterre, le projet d'un câble sous-marin, destiné à relier Douvres à Calais. Il indiquait les moyens d'exécution, et la manière de construire le câble. Mais le conducteur qu'il proposait avait de si mauvaises qualités conductrices, qu'on ne put même le mettre à l'essai.

Quelque temps après, c'est-à-dire en 1842, M. Morse, en Amérique, faisait la première expérience de télégraphie sous-marine proprement dite. Il déposait un câble assez bien isolé dans le port de New-York, faisait circuler un courant électrique le long de ce conducteur, et démontrait ainsi qu'un fil télégraphique convenablement isolé, peut traverser la mer.

D'un autre côté, le colonel Colt, l'inventeur du révolver, et M. Robinson, de New-York, immergèrent un fil au travers de la rivière, de New-York à Brooklyn, et de Long-Island à Coney-Island.

Ainsi, les premiers pas étaient faits ; les premiers essais de télégraphie sous-marine étaient exécutés. Mais lorsque les lignes prenaient une extension de plusieurs lieues, les difficultés pratiques à vaincre devenaient immenses, en raison de la prompte altération du caoutchouc, ou des autres substances que l'on employait alors pour isoler le conducteur. Il fallait trouver une matière suffisamment isolante pour qu'un fil métallique qui en serait enveloppé, ne laissât pas disséminer l'électricité dans les eaux de la mer, milieu éminemment conducteur.

La question se trouvait ainsi arrêtée dès son origine, lorsque, en 1849, la gutta-percha, comme nous l'avons dit, fut importée en Europe. Il ne sera pas hors de propos de donner quelques renseignements sur cette substance, qui a rendu tant de services à la télégraphie sous-marine.

La gutta-percha est un suc végétal concret, qui rappelle, par plusieurs de ses caractères, le caoutchouc. Ce suc, dans l'état de vie, circule entre l'écorce et l'aubier d'un grand et bel arbre l'*Isonandra gutta*, propre aux îles de l'Océanie, et qui croît en abondance à Bornéo, à Java, à Ceylan, Quand on pratique une incision au tronc de cet arbre, le suc qui s'en écoule et que l'on recueille, forme, par la dessiccation, la *gutta-percha*.

La taille de l'*Isonandra gutta* va jusqu'à 20 mètres ; son feuillage est riche et touffu. Cet arbre est fort répandu dans les archipels de la Malaisie (Océanie), et c'est du port de Singapore, que vient presque toute la gutta-percha que le commerce introduit en Europe.

Les naturels des îles de l'Océanie n'exploitent pas l'*Isonandra gutta* par incisions régulières et convenablement ménagées. Souvent ils abattent l'arbre, pour en extraire tout le suc qu'il contient, et qui peut s'élever jusqu'à 18 kilogrammes par pied. Trois cent mille *Isonandra* furent ainsi coupés aux environs de Singapore ; par cette opération barbare cette espèce végétale disparut un moment du commerce. À Bornéo et à Sumatra on mélange la vraie gutta-percha avec le suc d'autres essences analogues.

La gutta-percha semble se composer de caoutchouc et d'un peu de résine. Elle diffère surtout du caoutchouc par sa plus grande consistance : à la température ordinaire, elle a la consistance des gros cuirs. Elle conserve de la souplesse, même à 10° au-dessous de zéro. En passant de + 25° à + 48° elle se ramollit et devient pâteuse : les rayons solaires de l'été produisent le même effet à sa surface. À 60° elle est molle et plastique : on peut la laminer en feuilles, l'étirer en fils et reproduire par la pression, tout le fini des moules. À 120° elle fond, mais peut reprendre sa forme habituelle si on la ramène à sa température première. Par la *vulcanisation*, c'est-à-dire, par son mélange avec le soufre, opéré par l'intermédiaire de la chaleur, la gutta-percha devient dure comme de la pierre, inaltérable par la chaleur et propre à la refonte.

On reçoit, en Europe, la gutta-percha sous la forme de poires, brunes ou blanchâtres, dont le poids s'élève de 1 à 4 kilogrammes. Comme les naturels introduisent dans sa masse des pierres, de la terre et autres objets qui la souillent, il faut la purifier, et on le fait par des moyens analogues à ceux qui servent à la purification du caoutchouc.

Matière tenace, légère, inaltérable par les agents chimiques, s'usant peu, pouvant recevoir toutes les formes quand elle a été ramollie, prenant par le refroidissement, une consistance intermédiaire entre celle du cuir et celle du bois, tout en conservant une légère élasticité, la gutta-percha a reçu dans l'industrie des applications nombreuses et variées : elle remplace le cuir ou le bois pour la confection d'un grand nombre d'instruments ou d'outils, et pour ces mille objets que réclament les besoins de l'industrie ou de la vie usuelle.

C'est à cette précieuse matière qu'on doit, comme nous le verrons dans une autre notice, les progrès de la galvanoplastie. Si l'on applique un bloc de gutta-percha chaude, sur l'objet qu'on veut reproduire, et qu'on le presse fortement contre cet objet, la gutta-percha pénètre peu à peu dans les détails les plus délicats du modèle. On l'enlève encore molle, et en devenant rigide par le refroidissement, elle garde l'empreinte qu'elle a reçue. On recouvre alors ce moule de plombagine, pour y opérer le dépôt de cuivre par l'électricité.

La gutta-percha oppose une prodigieuse résistance à l'action de l'eau salée. Son inaltérabilité par les acides, les alcalis et les dissolutions salines diverses, la rend précieuse dans le laboratoire du chimiste et dans la manufacture de l'industriel.

Ainsi la gutta-percha, qui est un excellent isolateur électrique, présente, en outre, la propriété de résister, d'une manière absolue, à l'action de l'eau de la mer. Cette double circonstance a déterminé son emploi dans la confection des câbles de la télégraphie sous-marine. Si l'on enferme dans une gaîne de gutta-percha le fil métallique d'un câble sous-marin, ce conducteur se trouve ainsi garanti, tout à la fois de la déperdition de l'électricité, et de l'action corrosive de l'eau de la mer. La gutta-percha peut donc réclamer une large part dans la réalisation pratique de la télégraphie sous-marine.

M. Walker, physicien anglais, fut le premier à saisir l'importance des applications que l'on pourrait faire de la gutta-percha à l'isolement des fils télégraphiques. Le 10 janvier 1849, il constata, dans une expérience restée célèbre, qu'un fil enveloppé de gutta-percha, placé sous l'eau, dans le port de Folkstone, et se rendant à un navire placé à 3 700 mètres au large, conduisait parfaitement le courant électrique, car il permettait de transmettre des signaux tout aussi bien que sur terre.

Le projet conçu en 1840, par M. Wheatstone, fut alors repris par M. Jacob Brett, qui s'était déjà fait connaître comme l'inventeur d'un télégraphe imprimeur.

Par une faveur toute spéciale, M. Jacob Brett obtint du gouvernement français le privilège exclusif de l'exploitation du télégraphe électrique qui serait établi entre Douvres et Calais. Un décret, en date du 10 août 1849, lui accorda le droit privilégié d'exploiter pendant une durée de dix ans, à partir du 1^er^septembre 1850, la communication télégraphique entre l'Angleterre et la France. Cette autorisation obtenue, une compagnie anglo-française se forma, pour mettre le projet à exécution.

Un fil de cuivre d'une longueur continue de 45 kilomètres, recouvert d'une enveloppe de gutta-percha, de 6 millimètres et demi d'épaisseur, fut rapidement disposé pour servir de conducteur entre les deux villes.

Lorsqu'il fut essayé par M. Wollaston, ce conducteur était tellement imparfait, que l'eau pénétrait jusqu'au fil, par des trous de l'enveloppe qui laissaient le métal presque à nu. On le répara en toute hâte.

Les points choisis pour l'immersion du fil étaient : la côte de Douvres en Angleterre ; en France, le cap *Gris-Nez*, situé à sept lieues de Douvres, entre Boulogne et Calais.

Tout étant prêt, le 28 août 1850, le bateau à vapeur anglais *le Goliath* sortit du port de Douvres, pour se rendre à l'extrémité de la jetée. On avait disposé au milieu du bateau, un immense treuil, autour duquel s'enroulait toute la longueur du fil métallique, recouvert de son fourreau de gutta-percha. Sur le bâtiment se trouvaient, M. Jacob Brett, MM. Wollaston et Crampton, ingénieurs chargés de l'exécution des appareils, MM. Francis Edwards, Reid et quelques autres savants ou principaux actionnaires de l'entreprise.

Fig. 104. — Première tentative pour la pose d'un conducteur électrique de Douvres à Calais, faite par le *Goliath* et le *Widgeon*, le 28 août 1850.

La première opération devait consister à amarrer solidement le fil conducteur sur la côte. La portion du fil destinée à reposer sur le sol, était contenue dans une enveloppe de plomb, de la longueur de 300 mètres, afin de la préserver du frottement contre le rivage.

Cette opération, c'est-à-dire la pose de la partie du conducteur qui devait reposer sur le rivage, étant terminée, et le bout solidement fixé sur la terre, le *Goliath* se dirigea vers le cap *Gris-Nez*. Au signal de *laisser tomber*, l'opération du dévidement et de la pose du fil commença (*fig.* 104). À mesure qu'on le déroulait du tambour placé sur le pont, le câble passait sur un rouleau de bois, à l'arrière du bâtiment. On le retenait de temps en temps, pour en lester les portions successivement immergées. À cet effet, on le chargeait de poids de plomb de 8 à 12 kilogrammes, destinés à l'entraîner au fond de la mer ; le nombre de ces poids était de vingt-quatre à quarante-huit, par lieue.

Les deux opérations du déroulement du fil et de son chargement, s'exécutèrent avec précision. Le *Goliath* était précédé d'un autre bateau à vapeur, le *Widgeon*, qui indiquait, par des bouées flottantes, la ligne à suivre. La profondeur de l'eau aux points choisis pour la submersion, variait de 10 à 75 mètres. Tout en se dévidant et allant se fixer ainsi sur le fond de la mer, le fil conducteur était entretenu en communication constante avec la station de Douvres, et servait à envoyer et à recevoir des dépêches, qui indiquaient les phases successives de la submersion.

Aux abords de la station de Douvres, se pressaient un nombre immense de curieux, avides de suivre, de minute en minute, la marche de l'opération. L'enthousiasme fut grand dans cette foule palpitante d'émotion et d'anxiété, lorsque, à 8 heures du soir, une dépêche télégraphique partie du cap Gris-Nez, sur la côte de France, vint annoncer à Douvres l'heureuse fin de ce travail.

Mais, hélas ! quelques heures après, une dépêche partie de Douvres, ne parvenait pas à sa destination ; le télégraphe restait muet, la dépêche s'était noyée dans le détroit.

On reconnut bientôt que le fil s'était brisé près des côtes de France. Là se trouvent des écueils et des rochers, constamment battus par les vagues. On avait cru que le tube de plomb qui enveloppait le fil, le préserverait des chocs résultant de l'action des lames contre les rochers situés près du rivage ; mais ce moyen de défense n'avait pas suffi.

On a donné une autre explication du fait de la rupture de ce conducteur. On a prétendu qu'un pêcheur, le prenant pour une algue gigantesque, le coupa, et porta triomphalement ce fragment à Boulogne, comme le précieux échantillon d'une plante marine des plus rares, à la tige pleine d'or !

Quelle que soit la cause de la rupture de ce fil, il est certain que les directeurs de l'entreprise n'attendaient pas de cette première tentative un résultat tout à fait satisfaisant ; ils la considéraient surtout comme propre à démontrer la possibilité de faire circuler un courant électrique dans un fil sous-marin d'une grande étendue.

Cet accident, qui tenait au défaut de résistance de la partie du conducteur destinée à reposer sur le rivage, compromit le succès de l'entreprise et amena la dissolution de la société formée par M. Jacob Brett.

Il fallait trouver un moyen plus efficace de protéger le fil sous-marin. M. Küper eut alors l'excellente idée d'entourer d'un cordage en fil de fer, le conducteur de cuivre enveloppé de gutta-percha.

Cette idée fut adoptée par M. Crampton, qui venait de former pour l'exécution du télégraphe sous-marin entre la France et l'Angleterre, une nouvelle compagnie, autorisée par charte royale, au capital de 2 500 000 francs. L'exécution en fut confiée à MM. Newall et Küper.

Ce nouveau câble, qui devait réunir à une résistance considérable assez de souplesse pour s'enrouler sans peine autour d'un vaste tambour, était ainsi composé. Quatre fils A (*fig.* 105) de la grosseur d'un fil de sonnette, ordinaire (1^{mm} 1/2 de diamètre) contenus dans une gaîne de gutta-percha C, de 7 millimètres de diamètre, étaient entrelacés avec quatre cordes de chanvre D, et le tout était aggloméré par un mélange de goudron et de suif, de manière à former un cordon unique, d'environ 3 centimètres de diamètre. Une seconde corde de chanvre, E, pareille à la précédente, sauf l'absence des fils de cuivre, enveloppait la première. Enfin, pour préserver de rupture l'appareil intérieur, le tout était fortement serré au moyen de dix fils de fer galvanisés F, de 8 millimètres de diamètre. Ce système composait une sorte de câble métallique, souple et solide à la fois, de 32 millimètres de diamètre, comme le représentent les figures 105 et 106, et qui avait 10 lieues de long. Il avait été fabriqué en trois semaines, et coûta 375 000 francs, soit 9 fr. 375 par mètre ; son poids par kilomètre était de 4 400 kilogrammes. Nous pouvons ajouter que tous les câbles sous-marins qui ont été construits depuis cette époque ont été faits à l'imitation de celui de Douvres à Calais.

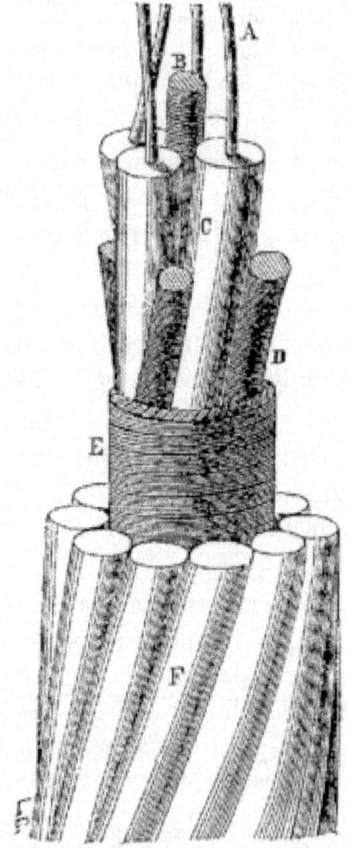

Fig. 105. — Câble sous-marin de Douvres à Calais (grandeur naturelle).

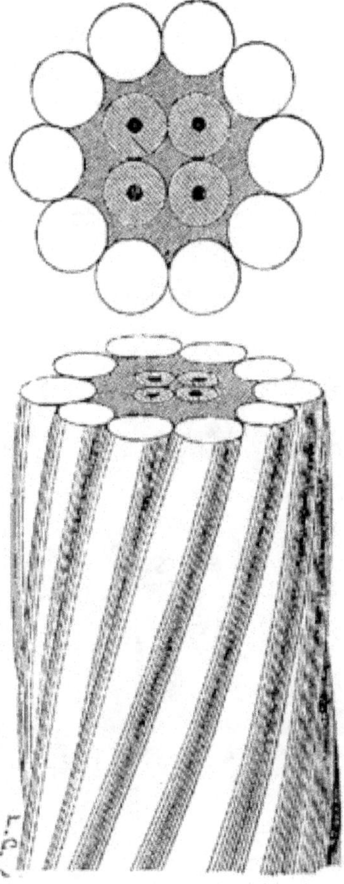

Fig. 106. — Câble de Douvres à Calais et section du même câble (grandeur naturelle).

MM. Wollaston et Crampton, les deux ingénieurs chargés par la compagnie d'exécuter toutes les opérations relatives à l'installation du télégraphe sous-marin de Douvres à Calais, choisirent pour le point d'arrivée du fil sur la côte de la France, une dune située près du village de Sangatte, à une lieue et demie de Calais. Enfoui dans le sable à sa sortie de la mer, le conducteur cheminait sous terre jusqu'à la station de Calais.

Le point choisi sur la côte anglaise fut le cap Southerland, près de Douvres. Le bout du câble, enfermé dans un tuyau, descendait perpendiculairement sous le sol, par un puits creusé dans la falaise, et se dirigeait ensuite vers la mer, par un petit tunnel formant un angle droit avec le puits. Il s'avançait de cette manière, jusqu'à une assez grande distance dans la mer, bien préservé du choc des lames qui déferlent sur la plage.

Ces dispositions parfaitement entendues, faisaient présager le succès qui couronna l'entreprise.

Le 24 décembre 1851, ce câble fut enroulé dans la cale du bateau à vapeur*le Blazer*.

Fig. 107. — Enroulement du câble de Douvres à Calais dans la cale du *Blazer*.

La figure 107 montre comment procédaient les matelots pour emmagasiner dans la cale du navire le câble tout entier, en le disposant en rouleaux superposés.

Le 25 décembre, au point du jour, commença l'opération du dévidement du conducteur, sous la direction de MM. Wollaston et Crampton.

Fig 108. — Dévidement du câble sous-marin de Douvre à Calais, le 25 décembre 1851.

La figure 108 montre le mode, fort simple, qui fut suivi pour jeter le conducteur à la mer. En sortant de la cale où nous l'avons vu tout à l'heure emmagasiné, ce fil passait entre deux poulies de bois, et un homme placé près de cette poulie veillait à ce que son passage se fît avec régularité entre ces deux poulies. Il faisait ensuite deux fois le tour d'une roue de bois de 10 mètres de hauteur, puis il sortait par l'arrière du navire, pour tomber à la mer.

Dans la soirée du même jour, le conducteur, dévidé tout entier, reposait sur le fond de la Manche.

Mais, l'opération terminée, on reconnut avec douleur que la longueur du fil avait été mal calculée, et que son extrémité s'arrêtait à près d'un kilomètre de la côte de France. La nuit arriva ; la mer était mauvaise, le câble exerçait sur le bateau à vapeur, une traction violente qui menaçait à chaque instant de le faire chavirer. Il fallut se décider à abandonner le fil à lui-même. On attacha donc une bouée à son extrémité, et on le laissa tomber, non sans appréhensions, au fond de la mer.

On prit sur-le-champ les dispositions nécessaires pour préparer en toute hâte un bout de câble provisoire. Ce câble supplémentaire ne fut terminé que le jour suivant. Tout faisait craindre que l'agitation de la mer et le choc des vagues contre le câble, abandonné deux jours au fond de la mer, n'eussent fait perdre le fruit de tant de travaux. Heureusement la bouée fut retrouvée à sa place, retenant encore parfaitement intacte l'extrémité du câble métallique. On hissa à bord ce bout libre.

Une dernière fois, on essaya de tirer sur le conducteur, de manière à le rapprocher des côtes de France. N'ayant rien pu obtenir par ce moyen, on se contenta d'attacher fortement au câble la corde provisoire préparée la veille ; c'était un petit câble enveloppé d'un mélange de goudron et de gutta-percha, et renfermant dans son intérieur quatre fils de cuivre, qui furent soudés aux fils du câble principal. On put ainsi atteindre le cap de Sangatte.

La plus grande profondeur rencontrée avait été de 54 mètres. La distance à parcourir était de 33 kilomètres. On avait immergé 40 kilomètres de câble, soit près du quart en plus de la distance réelle.

Aussitôt des dépêches furent échangées entre Calais et Douvres : les appareils transmirent les communications avec une entière facilité.

Pendant la semaine suivante, on s'occupa de fabriquer le bout de câble définitif, nécessaire pour compléter le conducteur : ce morceau supplémentaire fut substitué à la corde provisoire, et le 31 décembre 1851, s'effectua l'intéressante cérémonie de l'inauguration du télégraphe sous-marin.

Ce jour-là, le courant électrique, parti du rivage français, vint mettre le feu à un canon placé sur le rempart de Douvres. Une correspondance s'établit immédiatement entre la station anglaise et les bureaux du ministère de l'intérieur à Paris, et l'on célébra à Douvres, dans un banquet solennel, le succès de cette merveille de notre siècle.

La première dépêche électrique expédiée d'Angleterre à travers l'Océan, fut déposée entre les mains du Président de la République française.

Pendant près d'une année, les communications entre l'Angleterre et la France, se sont faites exclusivement de Douvres à Calais. Pour atteindre Londres ou Paris, les dépêches devaient passer de chaque station sous-marine à la ligne télégraphique aérienne de Douvres à Londres, ou de Calais à Paris. Le 1er novembre 1852, les stations intermédiaires de Douvres et de Calais furent supprimées, et le fil télégraphique, à l'aide de travaux nouveaux et de dispositions convenables, se trouva réuni à la ligne ordinaire du télégraphe, de manière à faire communiquer Londres et Paris sans aucune station intermédiaire sur la côte.

Aujourd'hui le télégraphe électrique fonctionne de Londres à Paris, à travers l'Océan, avec une facilité merveilleuse. Un courant incessant de pensées s'échange d'un pays à l'autre, et ce lien qui rattache les deux rivages, est comme une main fraternelle que se tendent deux peuples amis, à travers la mer qui les sépare.

CHAPITRE II

DESCRIPTION DES PROCÉDÉS POUR LA FABRICATION DES CÂBLES SOUS-MARINS. — FILS CONDUCTEURS. — COMPOSITION DES CÂBLES. — MACHINE POUR LA FABRICATION DES CÂBLES. — ENVELOPPE ISOLANTE. — CONSERVATION DU CÂBLE FABRIQUÉ. — INSTALLATION DU CÂBLE À BORD D'UN NAVIRE. — PROCÉDÉ D'IMMERSION.

Une quantité considérable de câbles sous-marins existent aujourd'hui dans les deux mondes. Avant de parler de ces nouvelles lignes sous-marines, avant d'aller plus avant dans cet exposé, il nous paraît nécessaire d'expliquer, une fois pour toutes, la composition et les procédés de fabrication d'un câble sous-marin, ainsi que les moyens qui sont aujourd'hui en usage, pour le déposer au fond de la mer. Cet exposé général, où nous rassemblerons les connaissances acquises jusqu'à ce jour dans cet ordre de travaux, nous permettra d'abréger beaucoup, par la suite, nos récits et nos descriptions.

Fil conducteur. — Le cuivre, qui conduit l'électricité cinq à six fois mieux que le fer, est toujours le métal employé comme conducteur sous-marin. On fit d'abord usage d'un fil massif ; depuis, on a préféré obtenir la même section totale, en réunissant en tresse, ou *toron*, plusieurs fils de diamètre plus petit. La rupture d'un des fils par une cause quelconque, n'amène pas la cessation complète des communications. Un conducteur sous-marin se compose donc généralement de quatre à six fils de cuivre, tressés autour d'un septième.

Une machine composée d'un plateau circulaire, se mouvant horizontalement, sert à fabriquer le *toron* de cuivre. Des bobines enfilées dans des broches verticales, placées sur la circonférence du plateau, portent six des fils qui doivent composer ce toron. Le septième sort par un trou percé au centre du plateau, et reçoit successivement chacun des fils provenant des bobines. Ces fils sont dirigés par des guides, placés à des hauteurs différentes, et convenablement déterminées. On comprend que c'est de la différence de hauteur de chacun des guides, que dépend le pas de la spire formée autour du fil. Cette machine fabrique 250 à 300 mètres de câble par heure, en tenant compte des arrêts pour les soudures.

En parlant de la fabrication du câble transatlantique, nous donnerons le dessin de l'appareil qui sert à former ces tresses de fil de cuivre, et qui sert aussi à environner le câble, une fois prêt, de son armature de fils de fer.

Pour réunir les bouts des fils et en former un conducteur continu, on taille les extrémités en biseaux, puis on les juxtapose ; on rattache les deux bouts l'un à l'autre par deux ou trois tours de fils plus minces, et on soude le tout à l'argent. La jonction ainsi faite est aussi complète que possible, et elle n'offre qu'une très-petite résistance au courant électrique.

Il est important que les soudures des fils ne se trouvent pas toutes au même endroit, afin qu'elles ne produisent pas une augmentation d'épaisseur de l'*âme*du câble, qui nuirait à l'égale application de la couche isolante.

Malheureusement, le conducteur ainsi construit, a le défaut, par suite de la rupture, qui peut arriver, des petits fils intérieurs, de percer souvent la gaine isolante. Pour éviter cet inconvénient, on a employé dans quelques câbles, et notamment dans celui de la grande ligne des Indes, la disposition suivante : On a placé quatre petits fils dans un tube de cuivre creux, qui présente ainsi l'apparence d'un seul fil massif. La conductibilité d'un pareil conducteur, est, dit-on, beaucoup plus grande, et les inconvénients du toron, comme ceux du fil unique, sont ainsi évités.

Enveloppe isolante. — Pour former l'enveloppe isolante d'un câble sous-marin, on se servit d'abord, comme nous l'avons dit, du caoutchouc. Cette matière est extraite de divers arbres des régions tropicales, et principalement du *Ficus elastica*, qui croît dans le royaume d'Assam, et des *Ficus redula* et *propoïdes*, de l'île de Java. Le caoutchouc a un très-grand pouvoir isolateur, mais il s'altère à l'air, et se désagrège au sein de l'eau, douce ou salée. Ajoutons qu'il s'altère aussi et devient déliquescent et mou par le contact prolongé du cuivre. Il a donc fallu le rejeter de la fabrication des câbles sous-marins. On l'a remplacé par la gutta-percha.

Dans l'eau, la gutta-percha se conserve indéfiniment, comme l'a prouvé l'examen de tous les fragments de câbles, qui ont été relevés après un séjour de plusieurs années dans la mer. Elle n'absorbe l'eau que dans des proportions insignifiantes, qui n'enlèvent rien à son pouvoir isolateur. Ce pouvoir isolateur est encore augmenté par les pressions énormes que supporte le câble au fond de la mer, pressions qui ont pour effet de raffermir sa substance et de boucher ses petits pertuis.

La gutta-percha est donc avec raison la seule substance employée pour former l'enveloppe isolante des câbles sous-marins. Il importe seulement de la purifier avec le plus grand soin, et de l'appliquer en couches bien égales. En combinant dans diverses proportions, le caoutchouc, la gutta-percha et les résines, on a formé plusieurs mélanges, ou composés isolants, qui sont employés comme auxiliaires de la gutta-percha. Les principaux sont le *mélange Chatterton* et le *composé de Wray*.

Le *mélange Chatterton* dans lequel entre une petite quantité de sciure de bois, est très en vogue en Angleterre ; il alterne généralement avec les couches de gutta-percha. Le *composé de Wray*, formé d'une petite quantité de silice ou d'alumine et qui constitue une espèce de verre de caoutchouc, est un mélange très-isolant et difficilement fusible ; mais il est altéré par l'eau de la mer. On connaît encore les composés de Hughes, Radcliffe et Godefroy.

Revêtement extérieur. — L'enveloppe isolante serait endommagée par les causes les plus légères, si elle n'était pas suffisamment protégée contre l'action des causes extérieures. Le moyen de défense consiste à l'entourer de spires de fils de fer. Seulement il faut interposer entre l'*âme* du câble et l'*armature protectrice*, une matière suffisamment élastique, destinée à former une espèce de matelas entre ces deux parties. Le chanvre, et surtout le chanvre indien, sont les substances qui servent à composer ce matelas élastique. Dans les premiers temps, on goudronnait cette enveloppe, pour accroître l'isolement du câble ; mais on masquait ainsi les défauts de la texture du câble, pendant les expériences que l'on doit faire avant l'immersion, sur le câble tout fabriqué. On se borne aujourd'hui, à imprégner le chanvre d'une dissolution saline conservatrice, telle que le sulfate de cuivre.

Après ce revêtement élastique vient l'armature de fils de fer.

Pour former cette armature, destinée à donner de la résistance à l'ensemble, on emploie un plus ou moins grand nombre de fils de fer de diverses grosseurs. Ces fils sont roulés en spirale autour de l'âme du câble après avoir été préalablement zingués, pour les garantir de la rouille.

Cependant, malgré cette dernière précaution, l'armature des câbles sous-marins finissait par s'oxyder et se détériorer. Deux moyens furent essayés pour donner plus de résistance à l'armature, sans trop augmenter son diamètre, ni son poids spécifique. Le premier moyen consista à tresser en torons de petits fils de fer, et à enrouler ces torons autour du câble ; le deuxième, à envelopper de chanvre goudronné chacun des fils de fer composant l'armature. Nous verrons employer alternativement pour les câbles ces deux moyens, et nous en ferons connaître le résultat. L'important est que le câble soit assez souple pour pouvoir se prêter aux manœuvres et à l'enroulement sur des tambours à grands rayons.

La partie du câble qui touche le rivage, doit être défendue plus solidement que celle qui doit rester entièrement dans la mer. Pour le *câble de côtes*, les fils de fer de l'armature ont de 6 à 7 millimètres. On comprend, en effet, que cette partie étant exposée aux ancres des navires, aux courants et aux marées, qui provoquent des frottements contre les rochers, doive présenter une résistance plus grande que celle du reste du câble. Pour cette dernière partie, ou le câble proprement dit, il n'est pas nécessaire d'employer des fils aussi forts. Au delà de 20 mètres de profondeur les marées et les courants ne se font plus sentir. Tout ce qu'il faut craindre, ce sont les matières qui peuvent attaquer chimiquement le cuivre, et qui le détruiraient rapidement. Il faut aussi préserver le conducteur de l'introduction des animaux perforants et des dépôts de coquillages, qui sont un si grand obstacle au relèvement des câbles. Une couche de peinture, mêlée d'une matière toxique, a donné, dans ce but, de bons résultats, en Angleterre. Cette peinture est un composé de bleu de Prusse et de *turbith minéral* (sulfure de mercure). Sous l'influence de l'eau de mer, il se produit un chlorocyanure de mercure et de sodium, poison violent, qui écarte les petits animaux marins.

Pour appliquer l'armature métallique sur l'âme du câble, on opère comme quand on fabrique la tresse, ou *toron*, des fils du conducteur ; seulement on allonge le plus possible le pas de la spirale, de telle sorte que, pendant l'immersion, l'élasticité du fer n'amène pas la formation de bourrelets. On a même construit des câbles dans lesquels les fils étaient placés parallèlement dans le sens de la longueur du câble, afin d'éviter son allongement par la tension, la formation des nœuds, et une pression trop grande de la matière isolante pendant la pose.

Essai de la résistance du câble. — Le sol, au fond de la mer, présente les mêmes inégalités que sur terre. Il y a sous les Océans, comme à la surface du globe, de hautes montagnes et de profondes vallées. Souvent, la roche vient affleurer, et le câble est ainsi exposé à se heurter contre des corps très-durs. Enfin le conducteur déposé dans la mer n'épouse pas toujours exactement les formes du terrain ; souvent il demeure suspendu entre deux éminences, par-dessus une vallée sous-marine, comme sur un pont. Il est donc nécessaire de connaître le degré de résistance d'un câble après sa fabrication.

Ajoutons qu'en cas d'accident, on doit pouvoir arrêter le filage du câble, et même le relever. Alors la tension qu'il éprouve, par le fait de son propre poids, est considérable, et il importe qu'il puisse résister au poids d'une assez grande longueur de sa propre continuité. Tout câble doit pouvoir, sans se rompre, supporter son propre poids par les plus grandes profondeurs du trajet.

Lorsqu'un fil pesant, ou un câble, est suspendu verticalement, dans l'air ou dans l'eau, la partie supérieure, voisine du point de suspension, supporte le poids entier, qui dépend de sa longueur. Quand ce poids dépasse la limite de résistance du fil ou du câble, il y a rupture.

On nomme *module de rupture* la longueur qu'un câble télégraphique sous-marin peut supporter sans se rompre. On comprend que cette longueur diffère en raison de sa densité et de sa résistance. Le *module d'immersion* est la longueur que le câble peut supporter sans danger.

Le module de rupture d'un câble peut être facilement augmenté par l'addition de substances plus légères que l'eau, des plaques de liège, par exemple.

Pour faire l'essai de la résistance d'un câble à la rupture et de son allongement par les poids qu'il supporte, on se sert d'une machine qui a été imaginée par M. Siemens, et que représente la figure 109. À l'une des extrémités d'une poutre B, est fixée une plaque de tôle recourbée, A, munie d'un crochet, auquel on attache le câble à essayer. À l'autre extrémité, C, de cette poutre, est fixé le point d'appui d'un levier de fer recourbé, LCD, dont l'une des branches porte un plateau, D, et l'autre, un crochet, L, destiné à attacher le câble. Le bras du petit levier est dix fois plus court que celui du grand levier. Pour mesurer la résistance du câble, on place des poids dans le plateau D de cette espèce de bascule. On mesure l'allongement au moyen d'une échelle EE, disposée parallèlement au câble. À l'extrémité H, du câble, est fixé un cylindre, qui se meut en tournant quand le câble se tord ou se détord, devant la partie de l'échelle E, qui porte un cadran divisé.

Pour faire l'expérience, on commence par placer un petit poids dans le plateau D, afin de tendre le câble ; ensuite on ajuste l'échelle et l'on ajoute successivement les poids, en observant l'allongement sur l'échelle EE. D'après la proportion qui existe entre les deux bras de levier de cette balance romaine, les poids ajoutés représentent le dixième de l'effort supporté par le câble.

Quand le câble a résisté à cette épreuve, et qu'il jouit de la résistance jugée nécessaire, on l'emmagasine, pour le conserver jusqu'au moment de son immersion.

Fig. 109. — Machine pour l'essai de la résistance des câbles sous-marins.

Comme la gutta-percha se conserve parfaitement dans l'eau, le meilleur moyen pour assurer la conservation du câble, c'est de le maintenir dans l'eau, comme un être aquatique. On le place donc, aussitôt après sa fabrication, dans des bassins remplis d'eau, avec l'attention de maintenir toujours la température du bassin à 30 degrés centigrades.

Quand on transporte un câble télégraphique dans des climats chauds, il faut veiller à ce que la température ne s'élève pas, dans la cale du navire, au delà de 30°. Comme les enroulements et déroulements successifs d'un câble, sont nuisibles, surtout quand les spires sont à courts rayons, il faut que les bassins pleins d'eau, dans lesquels on le conserve, soient assez vastes, et qu'ils laissent au milieu un espace vide aussi grand que possible pour faciliter son déroulement et son *lovage*, c'est-à-dire son enroulement en tours superposés quand il s'agira de le placer dans la cale du navire.

Nous ferons remarquer que l'isolement électrique d'un câble s'accroît toujours en *mer profonde*. Les grandes pressions de 300 à 400 atmosphères que le câble supporte alors, ont pour effet de boucher les fissures et pertuis qui peuvent exister dans l'enveloppe de gutta-percha.

Raccordements des deux parties du câble. — Presque toujours on embarque sur deux navires séparés, les deux portions qui composent un câble ; c'est-à-dire le *câble côtier* et le *câble proprement dit*. Il faut donc faire un raccordement au moment de la pose.

Pour exécuter ce raccordement on opère d'abord la jonction des deux conducteurs par une soudure, puis on recouvre cette soudure de gutta-percha, de chanvre, etc. On enlève alors quelques fils de l'armature du gros câble, que l'on remplace par des fils du petit câble, sur des longueurs variant entre 4, 6 et 8 mètres, et inversement pour le petit câble ; puis l'on entoure de ces petits fils la partie soudée.

Les *épissures*, ou raccordements, qui sont nécessaires par suite de la rupture d'un câble, se font de la même manière.

Procédé d'immersion. — Lorsque l'on immerge un câble entre deux points éloignés, le *tracé*, c'est-à-dire la route que doit suivre le bâtiment, pour dérouler le câble aux points qui ont été fixés comme trajet de la ligne télégraphique, est de la plus grande importance. Il faut choisir des points d'atterrissements tels qu'ils ne soient point sur le passage des navires, et que le câble puisse demeurer enfoncé dans le sable, où il sera préservé des ancres des vaisseaux et du frottement causé par l'agitation des vagues. Il faut encore éviter, dans les profondeurs de la mer, les fonds rocheux, ou ceux dont la composition chimique pourrait entraîner la destruction rapide de l'armature : c'est ce qui arrive dans le voisinage des sols volcaniques, qui laissent exhaler de l'hydrogène sulfuré. On aura donc procédé avant l'immersion, à des sondages attentifs, qui auront parfaitement renseigné sur la nature du fond de la mer, le long du tracé de la future ligne sous-marine.

Installation du câble à bord du navire. — Nous donnerons les détails de l'installation d'un câble à bord d'un navire, en parlant du câble transatlantique. Nous dirons seulement ici qu'on doit procéder avec beaucoup de soins à l'opération qui consiste à enrouler le câble dans la cale du navire. Chaque spire doit être maintenue par des courroies ou par des pièces de bois, qui seront enlevées au fur et à mesure que le câble sera jeté à la mer. Au moment de L'immersion, il se forme souvent des nœuds, quand le câble est immergé sans avoir été soumis à un déroulement préalable. Ces nœuds, ces *coques*, sont un grand embarras au moment de l'immersion.

Immersion. — Des hommes accroupis sur le câble, en saisissent chaque spire, et la laissent filer, en la retenant légèrement, pour la tendre ; pendant que d'autres enlèvent avec soin les amarres, ou arrêts, des tours suivants. De là, le câble s'engage dans un frein, qui le retient, en pressant d'une manière variable. Le câble passe ensuite sous le *dynamomètre*, c'est-à-dire sous un levier qui porte des poids, lesquels donnent la mesure de la masse totale de mouvement dont il est animé. Il s'enroule ensuite sur une ou plusieurs poulies fixées en dehors de l'arrière du navire, et enfin il tombe à la mer par l'arrière, à mesure que le navire s'avance. Un compteur, c'est-à-dire une petite roue munie d'une aiguille et d'un cadran, placé sur l'un des tambours, mesure la vitesse de déroulement.

Quand nous parlerons du câble de l'Algérie et du câble transatlantique, nous donnerons les figures de ces poulies de déroulement, freins et dynamomètres.

Par une mer peu profonde, et par un beau temps, l'immersion ne présente aucune difficulté. On pourrait, à la rigueur, abandonner le câble à lui-même : son poids suffirait pour son déroulement régulier, au fur et à mesure de la progression du navire. Mais dans des mers profondes, dont on ne connaît pas parfaitement le fond, le poids de la portion suspendue étant considérable, la manœuvre des freins est très-délicate. Les difficultés d'immersion s'accroissent encore quand la mer est mauvaise.

Pour qu'un câble sous-marin ait des chances de durée, il doit reposer sur le fond, et non sur des pointes de roches dominant des vallées sous-marines, où il serait soumis, par l'effet de son poids, à une tension continuelle. En combinant la vitesse du navire avec la résistance des freins, et en suivant soigneusement les variations du sol, — ce que l'on peut faire en considérant le profil du fond de la mer, qui est connu d'avance, — on peut arriver à poser le câble toujours sur le fond, et non entre deux éminences de rochers.

Il faut toujours prendre une longueur de câble bien supérieure à celle de la ligne. Cet excès de longueur varie de 25 à 50 pour 100.

Un navire doit toujours précéder celui qui dévide le câble, et lui tracer la route. Celui qui est porteur du câble, ne pourrait, en effet, se servir de sa boussole, à cause des déviations de l'aiguille aimantée, par l'effet attractif de la grande masse de fer dont il est chargé.

La tension du câble pendant l'immersion, est d'autant plus considérable que la vitesse du navire est plus grande. Aussi dans les mers profondes, où les tensions deviennent énormes, cette vitesse ne peut-elle dépasser certaines limites, sans amener la rupture du conducteur. D'un autre côté, la résistance qu'oppose l'appareil de déroulement, a pour effet de diminuer la dépense du câble. Or, d'après le résultat des calculs de M. Airy, cette dépense, pour une même résistance, est d'autant plus faible que le vaisseau marche plus vite. Il faut donc marcher à une vitesse moyenne (environ 6 nœuds), en réglant la résistance de manière que la dépense de câble ne dépasse pas sensiblement la longueur de chemin parcourue par le vaisseau. Si la tension venait à augmenter brusquement, il faudrait ouvrir les freins ; et au contraire, ralentir la marche du navire et serrer les freins si cet accroissement était progressif. L'appareil de dévidage du câble doit être d'une grande sensibilité, pour pouvoir se plier à ces indications et suivre les changements brusques de position du vaisseau par l'agitation des vagues.

Après cet exposé général, nous n'aurons plus à entrer dans des détails techniques particuliers, et nous pourrons raconter, sans interruption, les épisodes variés et les drames émouvants de la télégraphie sous-marine.

CHAPITRE III

ÉTABLISSEMENT D'UN CÂBLE SOUS-MARIN ENTRE L'ANGLETERRE ET L'IRLANDE, ENTRE L'ANGLETERRE ET L'ÉCOSSE, ENTRE L'ANGLETERRE ET LA BELGIQUE, ENTRE L'ANGLETERRE ET LE

DANEMARK. — CÂBLES DE RIVIÈRE. — LE CÂBLE DU RHIN. — LES CÂBLES TÉLÉGRAPHIQUES DANS LES FLEUVES DE L'AMÉRIQUE.[1]

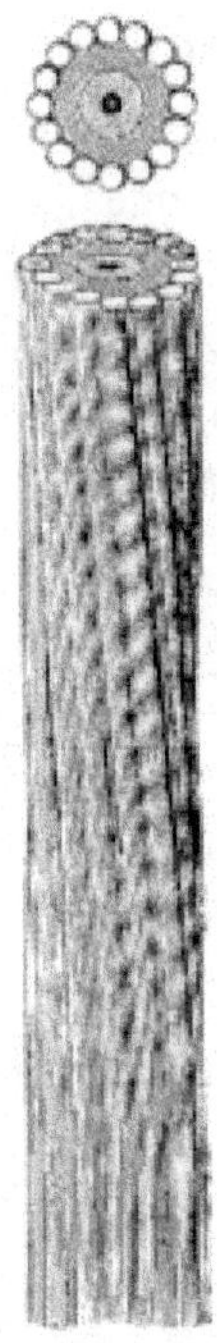

Fig. 110. — Câble sous-marin entre Holyhead et Howth (grandeur naturelle).

En 1852, un télégraphe sous-marin, semblable à celui de Douvres à Calais, fut posé entre l'Angleterre et l'Irlande, à travers le canal Saint-George, sur une distance supérieure à celle qui sépare Douvres de Calais. Le fil fut établi entre Holyhead (Angleterre) et Howth (sur la baie de Dublin). Il ne se composait point de quatre fils métalliques, comme celui de Douvres : il consistait en un seul fil de laiton, isolé au moyen de la gutta-percha, et recouvert d'une armature en fils de fer. La figure 110 représente ce câble sous-marin. M. Hatham, à Londres, fabriqua l'âme du câble, qui fut en-

1 Il serait impossible de suivre les récits contenus dans ce chapitre et dans les suivants, sans un atlas de géographie. Nous engageons donc les personnes qui veulent lire avec fruit cette notice, à avoir toujours sous les yeux la carte des pays dont il est question.

voyée de là à Gateshead, sur la Tyne, chez M. Newall et Cie, où elle fut revêtue de son armature métallique, en un mois. Le câble terminé fut chargé sur vingt wagons, et envoyé à Mary, port où il fut embarqué sur la *Britannia*, pour être transporté à Holyhead.

Afin de le mettre à l'abri du contact des rochers et de l'agitation produite par la marée, on songea, pour la première fois, à recouvrir le câble sur chacun des deux rivages, d'une enveloppe de fils de fer, plus gros ; cette enveloppe se prolongeait jusqu'à une étendue considérable dans la mer. La figure 111 représente ce câble côtier.

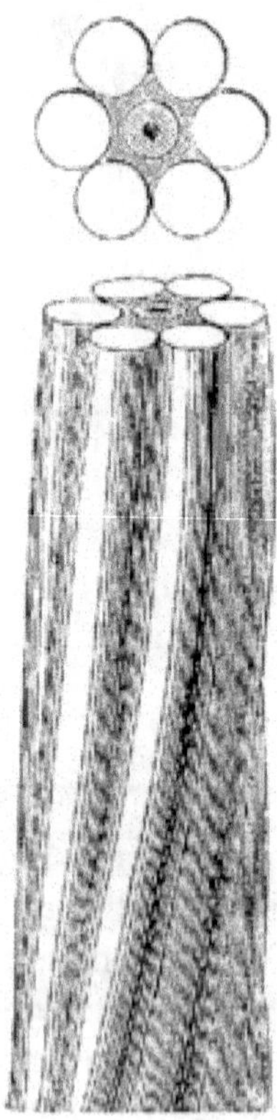

Fig. 111. — Câble sous-marin entre l'Angleterre et l'Irlande (partie côtière du câble, — grandeur naturelle).

C'est le 1er juin 1852 que la communication électrique fut complétée entre l'Angleterre et l'Irlande. On lisait dans le *Morning Advertiser* du 2 juin, l'article suivant :

« Le *Britannia* et le *Prospero* ont quitté, hier matin, Holyhead, à 4 heures ; le premier suivait le fil métallique avec une rapidité moyenne de deux lieues à l'heure, tandis que l'autre pilotait la marche. Le steamer ayant le câble à bord a atteint la chaussée est de Howth, peu après 8 heures du soir ; alors a été immédiatement effectuée la jonction avec la terre, et il y a eu sur-le-champ échange de messages entre Howth et Holyhead. Dès que le *Britannia* a eu atteint la côte d'Irlande, le fait a été communiqué à Holyhead. Alors le fil métallique a été appliqué à l'un des canons du navire, et la note transmise à Holyhead a reçu presque aussitôt une réponse par la détonation de l'un des canons du bâtiment. »

La profondeur rencontrée avait été de 70 brasses (127^{m},40) ; la longueur du câble posé fut de 103 kilomètres. Son poids total n'excédait pas 20 tonneaux.

On ignore la cause qui amena la rupture de ce conducteur. Il est certain seulement que trois jours après, il était hors de fonction. On suppose qu'il fut accroché par l'ancre d'un navire.

Le 9 octobre de la même année, MM. Newaîl et Cie s'embarquaient, avec un nouveau câble, pour tenter de relier l'Écosse et l'Irlande de Port-Patrick à Donaghadée, les deux points les plus rapprochés. Mais à 6 lieues et demie de la côte, il fut impossible de gouverner convenablement le vaisseau, assailli par un vent violent. Pour tenir contre la tourmente, il aurait fallu laisser perdre dans la mer une grande quantité de câble, et suivre ainsi les déviations du navire. M. Newall dut se résoudre à couper le câble, pour ne pas perdre le reste. Il était à 13 kilomètres de la côte, et avait encore à bord 14 kilomètres à dévider.

Le câble ainsi abandonné, fut relevé au mois de juin 1854, après deux ans de séjour dans l'eau. L'opération était difficile, car la profondeur de l'eau atteignait quelquefois 270 mètres. L'impétuosité des flots à ce point est considérable, leur mouvement est de 9 kilomètres 654 mètres à l'heure. On ne pouvait travailler que pendant la haute et basse mer ; aussi le relevage dura-t-il quatre jours. La machine à vapeur placée sur le pont du steamer était d'une grande puissance, car elle avait à déployer des efforts très-grands, surtout lorsque le câble était enfoncé dans le sable ; ou recouvert de végétations marines et même de coquillages de tous genres.

Le câble fut retrouvé à peu près intact. Les parties qui avaient séjourné dans le sable, étaient en parfait état ; celles qui avaient été enfouies dans les détritus d'herbes marines, étaient légèrement rongées. L'isolement électrique était aussi complet qu'au moment de la pose.

Ce résultat était de la plus haute valeur : il donna aux hommes de l'art, la conviction certaine de la durée d'un conducteur sous-marin.

Quelque temps après, la compagnie établie à Londres pour l'exploitation de la télégraphie sous-marine (*submarine Telegraph-Company*) jeta un conducteur sous-marin entre l'Angleterre et la Belgique.

Ce câble, qui fut posé le 6 mars 1853, partait de Douvres, pour aboutir à Ostende. Il avait 112 kilomètres de long, et se composait de six fils conducteurs, entourés de gutta-percha, puis réunis par cette même matière, et protégés à l'extérieur, par une armature de douze fils de fer, ce qui lui donnait une force et un volume considérables.

La figure 112 représente ce câble, qui fut fabriqué en cent jours, et pesait 4418 kilogrammes par kilomètre (poids total : 500 tonneaux). Il coûta 825 000 francs. Il fallut soixante-dix heures pour le lover dans la cale du bâtiment, et dix-huit heures pour en opérer l'immersion.

Le 4 mai 1853, le *William Stutt*, capitaine Palmer, ancré devant Douvres, commença la pose, assisté des vaisseaux de la marine royale britannique, le*Lézard* et le *Vivid*.

Le capitaine Washington, de la marine royale, était chargé de tracer la route et de diriger l'expédition. Au point du jour, on retira de la cale du *Stutt*, environ 200 mètres de câble, qui furent portés à terre par des canots, et déposés dans une caverne, au pied de la falaise. Cette partie servit à établir, à l'aide d'appareils télégraphiques, une communication incessante entre la terre et le vaisseau.

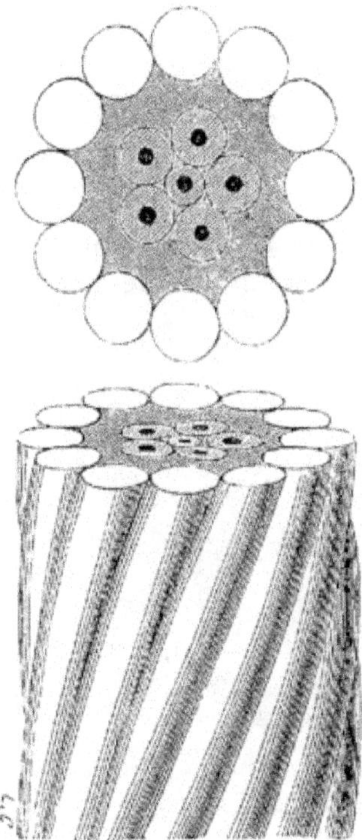

Fig. 112. — Câble anglo-belge (grandeur naturelle).

À 6 heures le *Stutt* était pris à la remorque par le vapeur le *Lord Warden*, La pose s'effectua sans accidents. Quand on fut arrivé devant Middlekerke, sur la côte belge, un bateau, envoyé du rivage, prit à bord environ 500 mètres de câble remorqué ; ensuite par les canots des bâtiments anglais, on arriva à terre, et l'autre extrémité du câble fut fixée dans un poste de douaniers.

La dépêche suivante fut immédiatement transmise à Londres : *Union de la Belgique et de l'Angleterre, à 1 heure 20 minutes de l'après-midi, le 6 mai 1853.*

Rien de semblable n'avait été fait jusque-là, bien que l'extension de ces moyens de communication devînt tous les jours plus grande. (MM. Newall et C[ie]n'avaient pas fabriqué moins de 750 kilomètres de câble, pendant l'hiver de 1852 à 1853.)

À la suite de ce succès, on essaya de nouveau de relier l'Ecosse à l'Irlande, aux mêmes points que l'année précédente. Le modèle de câble qui fut posé, ressemblait à celui de Belgique ; il fut exécuté en vingt-quatre jours et coûta 325 000 francs.

Une communication du même genre fut bientôt établie entre l'Angleterre et la Hollande. Le 2 juin 1853, le bateau à vapeur le *Monarque*, déposait le câble télégraphique qui, partant d'Oxford-ness, sur la côte de Suffolk, en Angleterre, aboutit à Schevening, en Hollande.

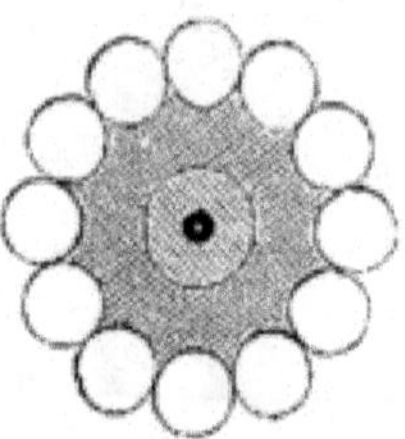

Fig. 114. — Câble anglo-hollandais (grandeur naturelle).

Ce câble avait une longueur de 190 kilomètres. Il a cela de particulier que le*câble côtier* est formé de sept câbles tordus ensemble. La figure 114 représente le câble proprement dit. Le câble côtier résulte de l'assemblage de sept de ces conducteurs.

À ce câble côtier, faisons-le remarquer, on a attaché quatre câbles de mer profonde ; ils sont placés à une lieue de distance les uns des autres. Leurs extrémités seulement viennent se rattacher au câble côtier. On pourra, quand cela sera nécessaire, placer les trois autres câbles, pour faire autant de lignes distinctes et séparées.

En 1853 on construisit en Angleterre, un câble pour le gouvernement danois. Il fut placé entre Nyborg et Korsoe (île Seeland) pour relier cette île à Copenhague. Ce câble devait être très-résistant, car il se trouve placé sur le passage d'un grand nombre de vaisseaux.

En octobre 1853, on posait au travers du Rhin, à Worms, 350 mètres d'un câble, dont la construction présentait ceci de particulier, que son armature se composait de dix-neuf fils de fer, de 7 millimètres. Pour protéger ce câble contre les galets et les ancres, on le recouvrit de tubes de fer, de 20 centimètres de longueur, composés de deux parties se joignant à vis. Ces tubes sont emboîtés l'un dans l'autre, et peuvent tourner l'un sur l'autre de manière à présenter une carapace continue, mais formée d'anneaux mobiles.

Ce câble est encore aujourd'hui en bon état.

D'autres lignes furent immergées à l'embouchure des rivières, en Angleterre, la Tay et le Forth ; nous les passerons sous silence,

Aux États-Unis, on hésita longtemps à essayer les câbles subaqueux. La nation américaine, habituée pourtant à donner le signal des grandes applications de la science, sans s'inquiéter des risques d'un échec, se tenait ici en arrière du mouvement. Les physiciens des États-Unis mettaient en doute la possibilité de faire circuler efficacement sous l'eau, un courant électrique. Quand il s'agissait de faire franchir à une ligne télégraphique, des rivières ou de grands fleuves, on faisait usage de mâts très-élevés, sur lesquels le fil était suspendu. Pour traverser l'Ohio, sans que le fil baignât dans le fleuve, il avait fallu donner aux mâts plantés sur les rives, une élévation de près de 100 mètres.

Mais les orages et les coups de vent étaient, pour ces immenses perches, des causes de prompte destruction. M. Shaffner, directeur des télégraphes de ce pays, eut alors l'idée d'employer des fils immergés et isolés par une couche de gutta-percha. Mais des courants d'eau aussi rapides et aussi chargés de sable que ceux de l'Ohio et du Mississipi, détruisaient rapidement cette enveloppe. Il arrivait aussi que des arbres, déracinés par des ouragans, descendaient le cours du fleuve, draguant son lit avec leurs racines, et s'accrochant au câble. La tension devenait excessive par l'action du courant sur la surface considérable que présentaient les arbres arrêtés par le fil, lequel se trouvait bientôt rompu.

Il fallait donc donner aux câbles destinés à être immergés dans les fleuves de l'Amérique, une résistance toute particulière. Voici comment M. Shaffner les construisit, pour assurer leur durée.

A (*fig.* 115) représente le conducteur électrique, formé d'un fil fer de 3^{mm},6 étiré avec le plus grand soin, et d'une résistance d'environ 600 kilogrammes. B est le revêtement de gutta-percha, composé de trois couches soigneusement fabriquées, C trois couches d'un mélange dit d'*Osnaburg*, additionné d'une composition de goudron, résine et suif. D est l'armature de fil de fer n° 10 ; E est un fil n° 12, roulé en spirale sur toute la longueur.

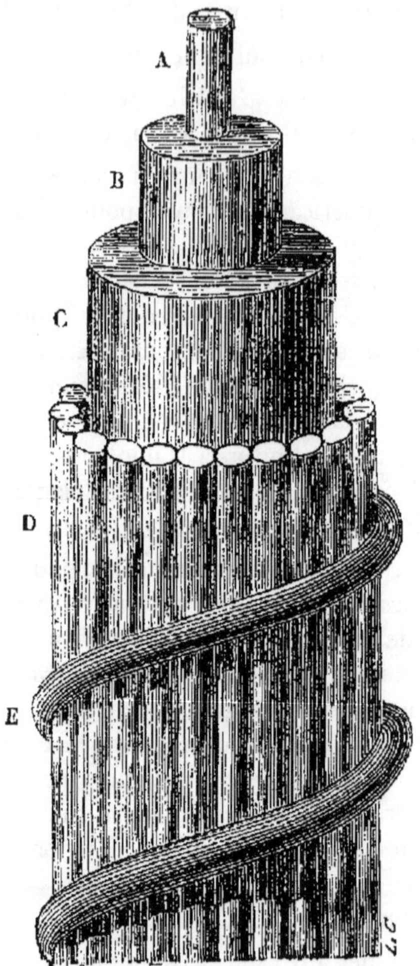

Fig. 115. — Conducteur télégraphique pour la traversée des fleuves de l'Amérique (grandeur naturelle).

Plusieurs câbles de ce genre ont été posés, aux États-Unis, soit dans les fleuves et les rivières, soit dans les baies et détroits.

La fabrication des câbles est loin de se faire en Amérique comme en Europe et particulièrement en Angleterre, où les machines consacrées à cette fabrication ne laissent rien à désirer. Dans les provinces de l'Ouest surtout, on n'a pas toujours des ateliers ; aussi ces câbles se fabriquent-ils en pleine forêt, avec la terre pour plancher, pour toit le ciel, et l'horizon pour limiter la vue. Un crampon de fer enfoncé dans un arbre, soutient l'âme du câble. Des hommes sont occupés à placer les fils de fer autour du câble et à les serrer. À mesure que l'on enroule les spires de fil de fer, on recule le cerceau qui maintient écartés et dans leur position respective, les fils de fer de l'enveloppe extérieure. Enfin on enroule le câble terminé autour d'un tambour, et ce tambour, ou bobine, est placé dans labarque qui doit servir à opérer l'immersion du conducteur.

Fig. 113. — Pose d'un câble télégraphique dans un fleuve d'Amérique.

La figure 113 représente la pose d'un câble au fond et au travers d'une rivière. Lorsqu'on peut se procurer un petit bateau à vapeur pour remorquer le bateau qui porte le câble, l'opération est plus sûre et plus prompte ; car plus est rapide la traversée du bateau, moins il y a de pertes de fil par l'entraînement du courant.

Fig. 116. — Schaffner, directeur des lignes télégraphiques aux États-Unis.

M. Shaffner décrit, dans son ouvrage, les impressions qu'il ressentit, lorsqu'il opéra la pose du câble dans le Merrimac. C'était dans l'obscurité de la nuit : les étoiles brillaient au ciel, et leur douce clarté illuminait seule cette scène émouvante.

« Dans le silence de la nuit, dit-il, entourés d'une forêt profonde, effrayante, que le pied de l'homme avait rarement foulée, nous étions occupés à préparer une voie à un messager qui, porté par une étincelle, devait être le premier à voir le soleil à l'orient et le dernier à le saluer au couchant ; qui, dans un instant, porterait des nouvelles du Nord cerclé de glaces, au Sud, dans les régions du vert palmier et du magnolia aux fleurs éclatantes. Notre couche était la terre, piédestal de Dieu ; le feuillage des forêts nous garantissait de la rosée du ciel. Nous nous endormions au chant du grillon, au cri de la chouette et aux rugissements de la panthère. Le temps ne peut guère effacer de l'esprit le souvenir de pareilles scènes. L'éternité seule a le pouvoir de les effacer.[1] »

CHAPITRE IV

LA TÉLÉGRAPHIE SOUS-MARINE EN CRIMÉE. — CÂBLE TÉLÉGRAPHIQUE ENTRE LE DANEMARK ET LA SUÈDE. — LE CÂBLE ENTRE LA FRANCE ET L'ALGÉRIE. — AUTRES LIGNES SOUS-MARINES ÉTABLIES DANS LES DEUX MONDES.

Revenons à l'ancien continent. La guerre de Crimée ayant rendu nécessaire la pose d'un câble sous-marin à travers la mer Noire, les gouvernements anglais et ottoman chargèrent MM. Newall et Cie de sa construction.

Le câble fut placé le 13 avril 1854. Reliant la Turquie avec la Crimée, il partait de Varna, pour aboutir au camp des alliés, devant Sébastopol, à Balaclava. Un autre reliait Varna à Constantinople. L'Europe se trouvait ainsi en relation presque instantanée avec le théâtre de la guerre.

Ce câble n'avait qu'un fil conducteur ; sa longueur était de 845 kilomètres, son poids de 800 tonnes.

Malgré l'immense étendue de ce conducteur et les difficultés de la navigation sur la mer Noire, l'exécution des travaux ne rencontra aucun obstacle. Quelques jours suffirent pour terminer la pose, qui fut opérée par MM. Newall.

Le télégraphe électrique de la mer Noire fonctionna sans interruption, avec le plus complet succès, jusqu'à la prise de Sébastopol.

1 *The Telegraph Manual*, New-York, 1863, in-8, p. 602.

Après la conclusion de la paix avec la Russie, la ligne fut supprimée.

Pendant cette même année le Danemark et la Suède furent reliés par un câble immergé dans le détroit du Sund. L'armature de ce câble est extrêmement résistante.

Nous avons à parler maintenant des diverses tentatives qui ont été faites pour relier, par un télégraphe sous-marin, la France et le continent européen à l'Afrique française. Commencée en 1854, arrêtée par deux insuccès en 1855 et 1856, cette belle ligne sous-marine fut menée à bonne fin au mois de septembre 1857. Mais peu après, la rupture du conducteur nécessitait une reprise de travaux, qui ne furent malheureusement pas couronnés de succès. Quelques détails sur les diverses phases des opérations accomplies ou essayées dans ces circonstances, ne seront pas de trop ici.

Quand il fut question, pour la première fois, de relier électriquement l'Algérie au continent européen, deux plans furent proposés au gouvernement. Une compagnie française offrait d'établir la ligne télégraphique en traversant l'Espagne, de manière à diminuer autant que possible, l'étendue du câble sous-marin. Le fil partant de Perpignan, aurait suivi le littoral méditerranéen de l'Espagne, jusqu'à la ville d'Almeria. Arrivé à ce point du midi de l'Espagne, il aurait plongé dans la Méditerranée, pour aboutir à Oran. Le fil sous-marin aurait présenté, dans ce cas, une longueur de 140 kilomètres (35 lieues de terre). D'un autre côté, une compagnie anglaise, sous la direction de M. John Watkins Brett, proposait de passer par la côte d'Italie, la Sardaigne et la Corse, pour aboutir à la côte de Tunis. Cet itinéraire exigeait deux lignes sous-marines d'une longueur inusitée, mais il avait cet avantage, pour l'Angleterre, de permettre de pousser ultérieurement la ligne télégraphique le long du littoral de l'Afrique et de l'Asie, de manière à atteindre jusqu'aux possessions anglaises dans les Indes orientales.

Une loi promulguée le 10 juin 1853, accorda la préférence au projet de la compagnie anglaise. Voici donc quel fut le trajet adopté pour la ligne télégraphique sous-marine, destinée à relier avec l'Afrique le continent européen.

Partie de Douvres, la ligne télégraphique sous-marine aboutit à Ostende, en mettant à profit le télégraphe sous-marin établi entre ces deux villes. Arrivé en Belgique, il traverse ce pays et atteint Cologne, d'où il descend, le long des possessions allemandes, de Cologne à Carlsruhe et Bâle. La Suisse et les États sardes sont ensuite traversés ; le fil télégraphique descend de Chambéry à Turin, et de Turin au port de la Spezzia, situé, au midi de Gênes, en face de la pointe septentrionale de la Corse. C'est en ce point que le fil s'enfonce dans la mer, pour aller se fixer au cap Corse. L'île de Corse est traversée, du nord au sud, par une ligne de télégraphie terrestre. Le détroit de Bonifacio, qui sépare la Corse de la Sardaigne, est franchi ensuite, au moyen d'un câble sous-marin. La Sardaigne franchie, le fil descend de nouveau dans la Méditerranée ; il part du cap Teulada, pour aborder à la côte d'Afrique entre la ville de Bone et la frontière de Tunis.

L'étendue totale de la partie sous-marine de cette ligne était de 449 kilomètres (112 lieues terrestres).

La première partie de cette ligne sous-marine fut exécutée au mois de juillet 1854. Des câbles télégraphiques furent déposés, à cette époque, dans la Méditerranée, reliant la Spezzia avec la Corse, et la Corse avec la Sardaigne ; de telle sorte qu'il ne restait plus qu'à continuer la ligne sous-marine de la Sardaigne au littoral de l'Afrique.

Cette opération présenta assez d'intérêt pour que nous en rappelions ici les détails.

Dès le commencement du mois de mai 1854, les deux conducteurs se trouvaient prêts : ils avaient été construits dans les ateliers de M. John Watkins Brett, à Greenwich.

Le câble de 1854 (*fig.* 117) était composé de six fils de cuivre, réunis de la manière suivante : les six fils de cuivre étaient, chacun, enveloppés dans une gaîne de gutta-percha ; puis, tous les six étaient fortement unis en faisceau par un assemblage de cordages et de goudron, de façon à former un premier câble ; venait par là-dessus un faisceau de douze tiges de fer cerclées autour du câble. L'ensemble de ce système présentait un diamètre d'environ 3 centimètres. La longueur totale du conducteur était d'environ quarante-cinq lieues, d'une seule pièce, et pesait 5 000 kilogrammes, ou 5 tonnes, par kilomètre.

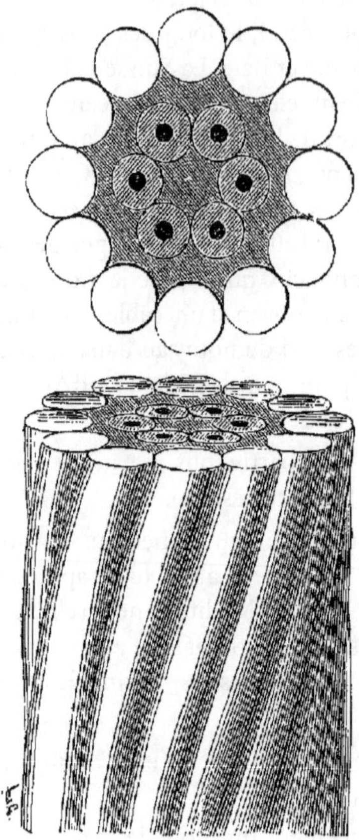

Fig. 117. — Câble déposé en 1854, entre le Piémont et la Corse, pour l'établissement de la ligne d'Algérie (dimensions grossies).

Le bâtiment à vapeur *Harbinger*, fut frété pour transporter cet immense conducteur sur la côte d'Italie et procéder aux travaux de la pose du fil entre le Piémont et la Corse. Ce navire allait partir lorsque le gouvernement anglais le mit en réquisition pour un transport de troupes en Orient. Il fallut donc en chercher un autre. L'arrimage d'un câble de plus de quarante lieues de longueur et d'un poids de plus de 800 tonnes, rendait assez difficile le choix du navire ; on ne put en trouver un qu'au commencement de juin : c'était le *Persian*. En raison du poids de son chargement, ce steamer ne put prendre de charbon que pour la traversée jusqu'à Gibraltar.

On mit à la voile avec le câble électrique enroulé autour d'un immense treuil, installé sur le pont.

Mais après une courte traversée, le *Persian*, atteint par le gros temps, fut obligé de relâcher à Plymouth ; et pour réparer ses avaries, il dut s'alléger de soixante kilomètres de câble. On ne pouvait songer à se procurer un autre bâtiment, car les transports pour la guerre d'Orient absorbaient en ce moment tous les navires convenables. On se borna donc à réparer le *Persian*, qui, complètement remis en état, repartit le 18 juin, renouvela à Gibraltar sa provision de charbon, et arriva le 18 juillet à Gênes. Le même jour, il touchait au cap de la Spezzia, point de départ du télégraphe sous-marin du Piémont au cap Corse.

Le 21 juillet, à 3 heures et demie, le câble fut déposé à terre, au cap Santa-Croce ; et tout aussitôt commença l'opération delà pose du fil, qui fut continuée par le *Persian* jusqu'à 8 heures et demie du soir. Le travail fut suspendu pendant la nuit : le bâtiment n'avait alors pour toute ancre de retenue que le cable électrique.

Le dévidement et la pose du fil furent repris le lendemain matin, à 8 heures, À midi, 30 kilomètres étaient placés ; à 4 heures du soir, la sonde indiquait une profondeur de deux cent trente brasses (460 mètres). Mais en ce moment, le câble se précipita avec une telle vitesse que c'était à peine si les hommes employés à ce travail, pouvaient parvenir à l'arrêter ; on y réussit cependant, et on l'arrêta dans des poulies. On fut obligé de couper la partie du câble endommagée par ces accidents, et de réunir ensuite les deux bouts. Trente-six heures furent employées à cette opération.

Le 23, on se disposa à reprendre la pose du fil ; la sonde indiquait une profondeur de plus de six cents mètres.

Les sondages pratiqués quelques mois auparavant, sur cette partie du trajet du câble télégraphique, n'avaient point accusé l'existence de cette vallée sous-marine, qui surpassait de deux cents mètres les plus grandes profondeurs que les ingénieurs avaient signalées entre le Piémont et la Corse ; elle dépassait aussi de beaucoup les profondeurs que l'on avait rencontrées dans l'établissement du télégraphe sous-marin entre Douvres et Calais, comme entre l'Angleterre et la Belgique. Aussi tout le monde était-il convaincu, à bord du*Persian*, que le câble allait se briser sous l'énorme pression qu'il aurait à supporter dans les couches d'eau voisines du sol. Les officiers de la marine sarde, qui prenaient part à cette grande opération, conseillaient de faire un détour de huit milles, pour aller chercher les îles de Gorgona et de Carpuja, où la mer n'a qu'une profondeur de deux cents mètres ; il était à craindre, si l'on persistait à continuer l'opération, de voir le câble électrique se briser.

Ce parti était sans doute le plus prudent ; cependant M. Brett ne jugea pas à propos de l'adopter. Il fit comprendre, avec beaucoup de raison, que le moment était venu de décider, une fois pour toutes, une question capitale pour la télégraphie sous-marine. En effet, la ligne que l'on s'occupait d'établir, ne devait point s'arrêter à la Corse ; elle ne représentait que le début de la ligne grandiose qui, s'élançant de la Corse à la Sardaigne et de la Sardaigne à l'Afrique, ne devait se terminer qu'au fond des Indes. On aurait à rencontrer, dans ce long parcours, des mers dont la profondeur serait plus considérable encore, et il était bon de constater tout de suite si l'opération était possible.

On se mit donc résolument à l'œuvre, et le câble fut abandonné à son poids.

Il parut d'abord descendre sur la pente d'une montagne sous-marine, jusqu'à une profondeur de trois cent soixante à quatre cents mètres ; ensuite, on crut sentir qu'il se trouvait tout à coup sur le bord d'un précipice, dont le fond n'était pas à moins de sept cents mètres, profondeur qui excédait de plus de cent mètres celle que les cartes indiquaient sur la route suivie jusque-là. Le câble se précipita alors avec une rapidité effrayante, non sans faire courir des dangers et occasionner de graves avaries au navire ; s'il n'eût pas été construit avec une solidité parfaite, sa rupture était inévitable. On finit cependant par rencontrer le fond, et la nuit fut employée à réparer les avaries occasionnées au bâtiment par cette opération dangereuse. Le câble fixé au fond de la mer servait seul d'ancre de retenue, et certes, jamais ancre d'une telle longueur n'avait servi à aucun navire, depuis l'époque où le premier navigateur au cœur armé d'un triple acier osa, selon le poëte, braver les dangers de l'élément perfide.

Deux jours après, la pose était terminée : le 25 juillet, le câble électrique était attaché au cap Corse, à la hauteur de la tour d'Aguelto.

Ainsi, tout allait bien de ce côté, et pour continuer l'entreprise heureusement commencée, il fallait s'occuper de la ligne de télégraphie terrestre qui devait traverser la Corse, pour faire suite à ce premier conducteur. Mais, en arrivant en Corse, M. Brett y trouva les ingénieurs et ouvriers de la ligne terrestre, atteints de la *malaria*, qui envahit chaque été ce pays. Les quatre cinquièmes des ouvriers avaient succombé, et M. Deschanel, l'ingénieur en chef, avait été une des premières victimes. Tous les travaux étaient suspendus ; on ne put les reprendre et les terminer qu'au bout d'un mois. Cependant, le 26 août, la ligne terrestre de la Corse, construite enfin, put commencer à fonctionner.

Le 29, à 4 heures et demie du matin, le *Persian* procéda à la pose du fil électrique dans le détroit de Bonifacio, entre la Sardaigne et la Corse. À 10 heures du soir, l'opération était terminée, et le *Persian*, ayant définitivement accompli sa tâche, reprenait la route de Gênes, pour rentrer ensuite à Liverpool.

La pose de la seconde partie du câble sous-marin de l'Algérie présenta beaucoup plus de difficultés que la première, en raison de la grande distance à franchir, de la profondeur de la mer et des brusques inégalités du fond. Deux tentatives faites en 1855 et 1856, échouèrent complètement.

Le 25 septembre 1855 l'aviso français, *le Tartare*, aidé du bâtiment anglais, *le Result*, commença l'opération qui consistait à déposer le câble de Cagliari à Bone ; mais le 26 celui-ci se rompit, par suite de sa trop grande vitesse de déroulement, provenant de l'existence d'une profonde vallée sous-marine.

Un insuccès analogue fut le résultat de la seconde tentative faite en 1856, pour la pose du câble télégraphique de la Sardaigne à la côte d'Afrique. Commencée le 7 août, par le *Dutchman*, navire à vapeur anglais et le *Tartare*, de la marine impériale française, cette opération se termina le 15, par la perte du câble. Des courants avaient fait dévier le bâtiment dans sa marche, et le conducteur arrivé près du terme du voyage, ne se trouva pas assez long pour atteindre le rivage de l'Afrique. Pendant que l'aviso le *Tartare* s'empressait, à toute vapeur, d'aller prendre à Alger, les chalands ou bouées, nécessaires pour retenir le bout libre du câble, la mer, devenue très-forte, brisa et emporta le câble.

CHAPITRE IV

Une troisième tentative fut faite en 1857, et comme nous allons le voir, elle se termina plus heureusement.

Au lieu de dérouler le câble conducteur, en partant de la Sardaigne, comme on l'avait fait dans les deux premiers essais, on choisit cette fois, la côte d'Afrique pour point de départ. Le câble qui avait été perdu en 1856 était, avons-nous dit, du poids de 5 tonnes par kilomètre ; on réduisit ce poids à 4 tonnes par kilomètre, ce qui, joint au perfectionnement qui avait été apporté au mécanisme destiné à opérer l'immersion et à l'habileté avec laquelle les manœuvres furent exécutées, facilita considérablement la tâche des opérateurs.

Ce câble est composé de quatre fils conducteurs. Chaque conducteur est formé d'une petite corde de quatre fils de cuivre, enroulés en spirale, et enveloppés de gutta-percha. Ils sont ensuite entourés d'une corde de chanvre et de dix-huit fils de fer de 3 millimètres. Dans la partie côtière de ce câble, ces dix-huit fils de fer sont remplacés par douze fils plus gros (de 5 millimètres de diamètre). La figure 118 représente, de grandeur naturelle, le câble côtier et le câble de fond.

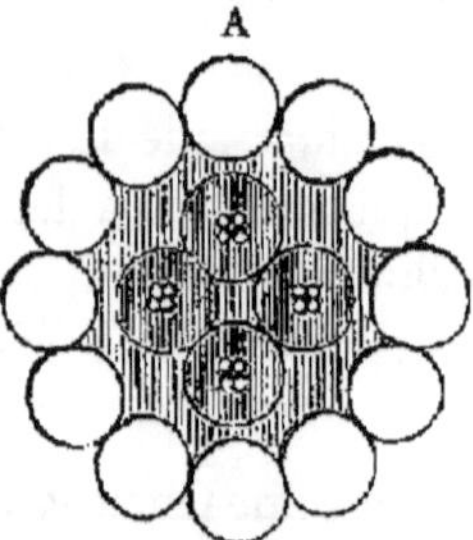

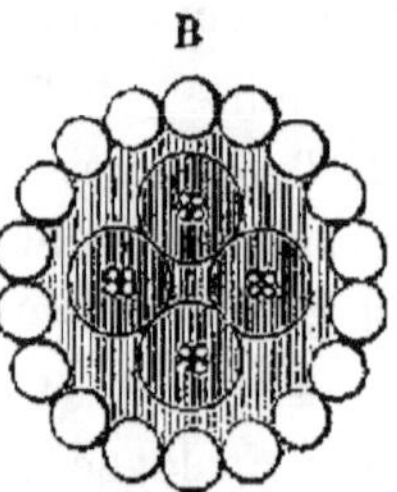

Fig. 118. — Coupe du câble télégraphique posé en 1857, entre la Sardaigne et la côte de Bone, pour la ligne d'Algérie : A *câble côtier*, B *câble de fond* (grandeur naturelle).

Des difficultés importantes existaient sur le trajet de cette longue ligne sous-marine, car les travaux d'exploration et de sondage faits par M. Delamarche, ingénieur hydrographe, avec un navire français, avaient démontré que le lit de la Méditerranée présente, sur cette distance de 250 kilomètres, comparativement courte, des profondeurs et de brusques inégalités aussi considérables que les vallées sous-marines les plus basses et les plus escarpées que l'on rencontre dans l'océan Atlantique. Pendant plus de la moitié du trajet, la profondeur de l'eau est de 3 200 à 4 000 mètres, et sur l'autre moitié, le lit de la mer s'élève brusquement de 200 à 400 mètres. Le fond de la Méditerranée est formé d'ailleurs, d'un calcaire coquillier tendre, qui ressemble à celui de la Manche, entre Douvres et Calais, et qui constitue une surface excellente pour recevoir et conserver le câble électrique.

Les opérations commencèrent le 1er septembre 1857. MM. Newall dirigeaient les manœuvres. Parmi les membres de l'expédition, chargés d'assister et de concourir aux travaux, étaient M. Bonelli, directeur des télégraphes des États sardes, M. Siemens, directeur des télégraphes de la Prusse ; M. Brainville, représentant de l'administration télégraphique française, et M. John Watkins Brett, concessionnaire de la ligne.

Fig. 119. — John Watkings Brett, ingénieur des télégraphes sous-marins de la Manche et de la Méditerranée.

CHAPITRE IV

Le câble fut immergé entre le cap Garde près de Bone (Algérie) et le cap Teulada, en Sardaigne. Nous emprunterons au savant *Traité de télégraphie électrique* de M. Blavier, la description des manœuvres qui furent accomplies pour l'immersion de ce conducteur.

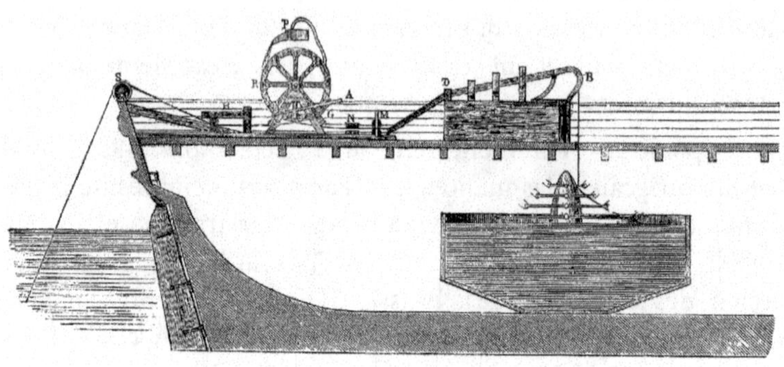

Fig. 120. — Appareil d'immersion du câble d'Algérie de 1857, d'après le *Traité de télégraphie électrique* de M. Blavier.

« Le câble était enroulé sous le pont dans un manchon en bois cylindrique A (*fig.* 120) autour d'un cône dont la partie supérieure était libre. Quatre cercles en fer, maintenus par des cordes dans une position horizontale, forçaient le câble à se dérouler régulièrement et empêchaient les nœuds de se produire. Les deux inférieurs étaient abaissés au fur et à mesure que la hauteur du cylindre de câble diminuait par le déroulement, de manière que le dernier fût toujours à une faible distance de la corde métallique pour ne permettre qu'un soulèvement partiel et successif des grande spires extrêmes. En sortant du cercle de fer, le câble passait dans un anneau et remontait verticalement pour s'engager dans la gorge d'une pièce de fonte B placée sur la dunette du navire, et suivait une gouttière triangulaire en fer D soutenue par des pièces de bois.

Au sortir de ce conduit, le câble passait dans le vide laissé par deux roues à gorges superposées, M, glissait entre deux pièces de bois N recouvertes de tôle et liées par une charnière, où il pouvait être fortement serré au moyen d'un bras de levier adapté à la pièce de bois supérieure, et enfin s'engageait dans une gorge conique G, qui le forçait à s'appuyer sur le bord extérieur d'un grand tambour R sur lequel il s'enroulait sept fois. Un couteau en fer fixé aux montants empêchait la superposition des tours.

Le frein a se composait d'une forte bande de tôle de 0^{m},10 de largeur, enveloppant la circonférence du tambour, sur laquelle elle pouvait être serrée au moyen d'un bras en fer communiquant le mouvement à un levier coudé.

Au sortir de la roue, le câble passait dans une gorge en fonte S, placée à l'arrière du tambour, et tombait à la mer.

Le dynamomètre, destiné a donner une mesure de la tension du câble, qui fut installé seulement au dernier moment, était formé d'une pièce pesante, H, mobile autour d'un axe et s'appuyant sur le câble par l'intermédiaire d'une poulie à gorge. Ce poids additionnel faisait fléchir le câble entre le tambour et la poulie extrême, et par la flèche, on pouvait déduire la tension au moyen du calcul, ou de quelques expériences préalables.

Une caisse à eau P, placée au-dessus du tambour et alimentée par une pompe, arrosait constamment le tambour, pour l'empêcher de s'échauffer par le frottement.

L'extrémité du câble fut amenée à terre et fortement attachée à la côte (au cap de Garde près Bone) au moyen d'un fort poteau solidement fixé sur le rivage et autour duquel le câble fut enroulé plusieurs fois.

L'immersion, commencée le 7 septembre 1857, à 8 heures du soir, par un très-beau temps, fut terminée le lendemain à 10 heures du soir ; on était encore à 20 kilomètres de terre environ, et il ne restait plus de câble ; la profondeur n'était que de 80 brasses ; on souda provisoirement un bout de petit câble qui, un mois après, fut remplacé par un câble de même modèle que celui de la ligne.

Pendant l'immersion, on dut s'arrêter deux ou trois fois, pour parer à la rupture de fils de l'enveloppe extérieure. Le câble, filait avec une vitesse bien supérieure à celle du navire La longueur immergée surpassait d'environ 40 pour 100 l'espace parcouru par le vaisseau. Cette rapidité d'immersion détermina même les ingénieurs à changer de route, pour atteindre plus rapidement les faibles profondeurs, et à forcer la marche du navire, qui dépassa 6 nœuds.[1] »

1 *Nouveau Traité de télégraphie électrique*. in-8°, Paris, 1867, t. II, pages 108, 109.

CHAPITRE IV

Il convient d'ajouter que ce câble ne fonctionna jamais bien : au bout de deux ans, il était paralysé. On parvint à le relever sur une certaine longueur, mais il se brisa, et l'opération fut abandonnée. La partie retirée de l'eau était en fort mauvais état. Nous verrons plus loin comment a été établie, en désespoir de cause, la communication télégraphique entre la France et l'Algérie.

CHAPITRE V

CÂBLES ENTRE L'ITALIE ET LA SICILE, L'ÎLE DE TERRE-NEUVE, L'ÎLE DU PRINCE EDOUARD ET LE NOUVEAU BRUNSWICK SUR LE TERRITOIRE AMÉRICAIN. — CÂBLES DU LAC DE CONSTANCE ET DES QUATRE CANTONS EN SUISSE. — CÂBLE DE SAINT-PÉTERSBOURG À CRONSTADT. — DE LA SARDAIGNE À MALTE ET À CORFOU. — AUTRES CÂBLES ENTRE LES ÎLES DU DANEMARK ; DE L'ITALIE ET DE L'ANGLETERRE. — DE L'ÎLE DE CEYLAN À LA PRESQU'ILE DES INDES. — PROCÉDÉ EMPLOYÉ POUR RÉPARER LES CÂBLES SOUS-MARINS AVARIÉS.

En 1855, l'Italie et la Sicile furent reliées par un conducteur électrique.

Dans cette même année, une compagnie ayant à sa tête un physicien anglais, M. Gisborne, essayait de réunir l'île de Terre-Neuve au continent américain, à travers le golfe Saint-Laurent.

L'opération, commencée en août 1855, fut arrêtée par une tempête si violente qu'il était de toute nécessité de couper le câble ou de perdre le bâtiment avec l'équipage. On avait, du reste, filé une quantité trop grande de câble, et il n'en restait pas suffisamment pour gagner la côte, bien qu'on eût changé de route, et qu'on se dirigeât sur l'île de Saint-Paul. La compagnie éprouva donc une perte sérieuse.

En 1856, l'épreuve fut tentée de nouveau, et cette fois, elle réussit parfaitement. Le conducteur ne différait du premier qu'en ce qu'il était plus léger. On parvint à relier le cap Ray, de l'île de Terre-Neuve, à l'île du prince Edouard, à la province du Nouveau-Brunswick et à l'île du cap Breton. Le nouveau monde semblait essayer de se rapprocher de l'ancien continent. Déjà quelques velléités se produisaient de faire l'essai d'un câble qui pourrait traverser l'Océan tout entier, de l'Amérique à l'Angleterre, mais le moment n'était pas encore venu pour cette grande merveille de notre temps.

Revenons donc en Europe.

En 1856, un conducteur électrique fut posé dans le lac de Constance (Allemagne et Suisse), entre Friederichshaven et Romanbhorn. Il avait été fabriqué par MM. Felten et Guillaume, dans leur usine de Cologne. Sa longueur était de 12 000 mètres et il avait coûté 20 000 fr. La figure 121 donne une coupe de ce câble.

Fig. 121. — Câble du lac de Constance.	Fig. 122. — Câble du lac des quatre Cantons.

La figure 122 représente un autre câble qui fut posé dans le *lac des quatre Cantons*, en Suisse, de Fluelen à Bauen(6 kilomètres). Il diffère de ceux que l'on construit habituellement, en ce que son conducteur est en fer et son armature composée de deux rubans de fer roulés en spirale. Il avait coûté 10 000 fr. La plus grande profondeur du lac fut trouvée de 227 mètres.

Dès les premiers temps, l'isolement de ce câble était imparfait ; mais on parvint à réparer ce défaut par un moyen qui mérite d'être signalé. On fit passer à travers le câble un courant d'électricité positive très-fort ; le fer fut oxydé, et il se produisit une croûte d'oxyde de fer isolante. C'était jouer gros jeu, mais l'événement donna raison à cette expérience hardie.

Les figures 123 et 124 représentent la coupe des modèles de câbles employés en Russie. La figure 124 particulièrement, représente le câble qui a été immergé de Saint-Pétersbourg à Cronstadt.

CHAPITRE V

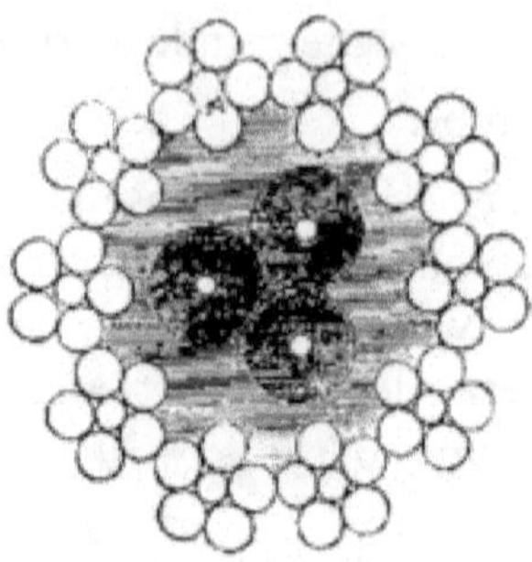

Fig. 123. — Câble russe (grandeur naturelle).

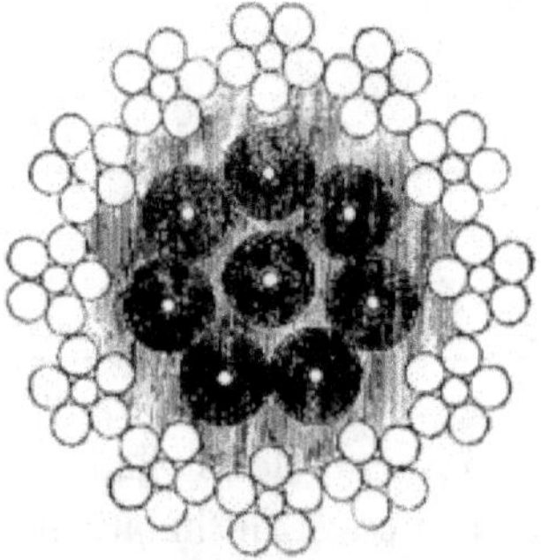

Fig. 124. — Câble de Saint-Pétersbourg à Cronstadt (grandeur naturelle).

On parvint, à cette époque, à relier l'île de Malte et celle de Corfou avec la Sardaigne. MM. Newall avaient construit et posèrent ce câble comme nous allons le dire.

Le bateau à vapeur *l'Elbe* arriva à Cagliari (Sardaigne) le 10 novembre 1857, ayant à bord 1 200 kilomètres de câble. Le *Desperate* avait fait les sondages et le *Blazer* guidait la marche.

Le 13 novembre, la flottille mit à la voile pour Sainte-Éliza, à quelques kilomètres sud de Cagliari. On procéda à l'atterrissement, et le 14 la pose commençait.

Le 15, une violente tempête assaillit le navire ; à minuit elle devint si violente, que les vagues balayaient à chaque instant le pont. Le navire filait toujours, mais irrégulièrement. Le 16, à 11 heures, pendant que le navire luttait contre les vagues, une lame violente le jeta de côté, et embrouilla le *lovage* du câble.

Le 17, l'île de Gozo qui touche à celle de Malte, était en vue, et bientôt après, la flottille entrait dans la baie de Saint-Georges, au nord de La Valette (île de Malte). La pose du fil avait pris soixante-douze heures ; on en avait filé 600 kilomètres.

De Malte à Corfou, la pose fut différée, à cause du mauvais temps. Pour ne pas avoir le vent debout, on décida de commencer la pose de Corfou en se dirigeant sur Malte.

Le 1er décembre, le *Desperate* et le *Blazer* étaient rendus à Corfou et l'immersion commença. Le *Desperate* traçait la route et le *Blazer* servait de remorqueur. Le temps était beau, et par conséquent le succès presque assuré. On avait franchi, le 3 décembre, la plus grande profondeur (2 600 mètres), et le 4 à midi, tout le câble était immergé sans accident. On avait déroulé 650 kilomètres de fil en soixante-douze heures.

La nouvelle de cette victoire pacifique de la science sur les éléments, était connue le 5 à Londres, Cette longue ligne qui reliait la Sardaigne à la Turquie, avait coûté 3 125 000 francs.

Vers la même époque, des câbles furent immergés entre Weilcourne, comté de Norfolk (Angleterre) et Emden (Hanovre), et rattachèrent Cromer (Angleterre) à Tonningen (Danemark) par l'île anglaise d'Helgoland dans la mer du Nord. La figure 125 fait comprendre la disposition de ces deux derniers câbles.

MM. Glass et Elliott posèrent, pour le compte des gouvernements danois et norwégien, dans les détroits, baies, golfes, etc., vingt-quatre câbles, dont le plus long avait 6 kilomètres, par des profondeurs qui variaient de 195 mètres à 487 mètres, et au prix de 2 francs par mètre.

Le 2 juin 1858, on immergeait avec succès un deuxième fil entre la citadelle de Messine (Sicile) et le château de Reggio (Calabre).

Pendant la même année, Orfordness et Harlem (Angleterre et Hollande), Liverpool et Holyhead (Angleterre), étaient reliés électriquement.

Le 7 septembre 1858, les îles anglaises de la Manche, Aurigny, Guernesey, Jersey, furent réunies à l'Angleterre. La plus grande profondeur rencontrée avait été seulement de 80 mètres ; aussi l'armature n'était-elle composée que de neuf fils de fer, de 5 millimètres et demi de diamètre ; ce câble coûta 650 000 francs.

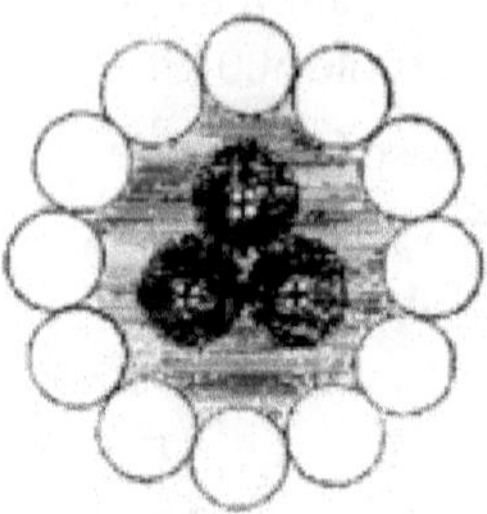

Fig. 125. — Câble entre l'Angleterre et le Hanovre (grandeur naturelle).

Au mois de mars 1858, l'île de Ceylan fut réunie à la presqu'île de l'Inde.

Le 26 novembre de la même année, le bateau à vapeur autrichien le *Cesar-Nair* arrivait devant Lésina, île de l'Adriatique voisine de la Dalmatie, et atterrissait l'extrémité d'un câble dont l'autre extrémité était fixée à Antivari (Albanie). Le câble qui fut immergé était le même que celui qui avait servi aux armées alliées dans la guerre de Crimée, et qui avait été posé entre Eupatoria et Balaclava : sa longueur était de six lieues.

Le câble existant de Douvres à Calais, entre l'Angleterre et la France, depuis 1852, était devenu insuffisant, en raison des nombreuses relations de ces deux grands pays. On voulut jeter un second câble aboutissant à Saint-Malo (côtes du département d'Ille-et-Vilaine), et qui, par conséquent, devait être plus long que celui de Douvres à Calais.

Cette opération rencontra des difficultés, mais le peu de profondeur de la mer permit de les surmonter. Une bourrasque amena la rupture du câble. Quelques mois après, la marée qui parcourt ces rivages avec une grande vitesse, provoqua le même accident. On répara le câble, qui fut déplacé et fixé au rivage, au moyen de fourches de fer scellées dans le roc. Un autre accident, causé par un orage, détériora ce câble. La foudre vint le frapper dans sa partie aérienne, traversa le bureau et les appareils, parcourut 28 kilomètres de fil et s'échappa par une partie faible de l'enveloppe isolante.

Le 20 octobre 1858, une ancre de navire rompit le câble de Douvres à Calais, et il fallut remédier à ce grave accident.

Nous saisirons cette occasion et interromprons, en ce point, notre récit, pour donner quelques détails sur les procédés qui sont employés pour la réparation des câbles sub-aqueux. Ces procédés sont, en effet, à peu près les mêmes dans tous les cas.

Pour aller à la recherche d'un câble rompu ou perdu, on commence par déterminer approximativement, à l'aide du galvanomètre, le point sur lequel s'est fait la rupture. L'ingénieur trace sur une carte marine, la route qui a été suivie à l'époque de la pose du câble ; puis il se porte avec un bateau à vapeur, à 1 kilomètre environ au-dessus ou au-dessous du câble, selon que la marée descend ou monte.

Dans cette position on jette un grappin à cinq crochets, qui draguent le fond de la mer. On attache une vingtaine de mètres de chaîne de fer à ce grappin, pour en augmenter le poids, et l'on fixe le tout à une corde qui s'enroule sur une poulie solidement fixée sur le pont du navire.

Lorsque le grappin a rencontré le câble, la corde se tend et le navire est pour ainsi dire à l'ancre. Alors, pour amener le conducteur à la hauteur de l'avant du navire, on tire, soit par les bras de l'équipage, soit au moyen d'une petite machine à vapeur spéciale que les Anglais appellent *Donkey-Engine*. Seulement il faut prendre de grandes précautions pendant le relèvement, qui doit se faire avec une extrême lenteur.

Lorsque le câble est relevé, on le hisse à bord, après l'avoir attaché à une chaîne ; puis on suspend une poulie sur le côté du navire. On engage le câble retiré de l'eau sur la gorge de cette poulie, sans détacher le câble de la chaîne, afin qu'il ne retombe pas à la mer. Cette chaîne est fixée solidement à bord, de sorte que, lorsque le navire, après avoir marché dans la direction du point de rupture, reconnaît qu'il s'en approche, à ce que le déroulement du câble devient très-fort, on tend fortement la chaîne qui le retient, on le hisse à bord pour mettre à l'épreuve sa conductibilité électrique et fixer son extrémité à une bouée, puis on rejette le tout à la mer.

La même opération se fait pour l'autre bout du conducteur ; seulement on soude à son extrémité un morceau de câble, et on le déroule soigneusement en se dirigeant sur l'autre bouée abandonnée précédemment. Là, on fait une nouvelle *épissure* (soudure) ; puis on attache le câble ainsi réparé à des cordes, et on le coule doucement au fond de la mer, de crainte qu'il ne se noue ou ne s'enroule.

C'est par ces moyens que fut repêché et réparé, en 1858, le câble de Douvres à Calais.

Reprenons maintenant la revue historique des différents câbles sous-marins posés jusqu'à ce jour.

CHAPITRE VI

POSE DES CÂBLES SOUS-MARINS DE L'ÎLE DE CANDIE AU RIVAGE ÉGYPTIEN. — CÂBLE DE CANDIE À SMYRNE, À CHIO ET AUX DARDANELLES. — LA TÉLÉGRAPHIE SOUS-MARINE EN AUSTRALIE. — CÂBLE DES ÎLES BALÉARES, ETC. — NOUVELLE TENTATIVE D'IMMERSION DU CÂBLE DE MARSEILLE À ALGER. — NOUVEAUX CÂBLES ENTRE L'ANGLETERRE ET L'ISLANDE, ENTRE L'ANGLETERRE ET LE CONTINENT, ETC.

Si quelques succès encourageaient l'établissement général des télégraphes sous-marins, d'un autre côté, des déceptions cruelles, de graves accidents, qui entraînaient des pertes considérables, arrêtaient l'essor des capitaux. Des divers conducteurs sous-marins dont nous avons parlé dans les pages précédentes, plusieurs s'étaient rompus, après un très-court service. Tel fut par exemple, le sort du câble qui avait été jeté entre les îles de Malte et de Corfou, pour relier la Sardaigne à la Turquie.

Trois tentatives étaient restées infructueuses pour relier l'île de Candie à Alexandrie, sur le rivage égyptien. La profondeur de la mer en ces parages, allait jusqu'à 3 000 mètres. Le câble employé dans une des tentatives, n'avait qu'une armature de chanvre, que les tarets (mollusques marins), eurent bientôt détruite. Dans un autre essai, le câble se rompit pendant l'immersion, et il fallut remettre l'opération au printemps suivant. MM. Newall, qui étaient chargés de la fabrication et de la pose, utilisèrent le câble restant, en l'immergeant entre Athènes et l'île de Syra.

Ainsi les revers et les succès alternaient dans ces entreprises trop nouvelles encore pour que l'on pût se flatter d'y procéder à coup sûr.

Vers 1859, le réseau oriental avait été étendu ; il reliait l'île de Candie à Smyrne, à Chio et aux Dardanelles.

Dans les Indes, Singapore et Batavia voyaient fonctionner un excellent câble. Un autre fut immergé dans le détroit de Bass, de l'Australie à Ring's-Island, et un peu plus tard, de cette dernière île à la terre de Van-Diémen (Tasmanie).

On avait donc poussé les lignes télégraphiques jusqu'aux confins du monde habité. Malheureusement, une partie du câble d'Australie se trouva bientôt hors de service.

Dans la même année 1859, en Europe, on avait établi une nouvelle ligne sous-marine entre l'Angleterre et la France, de Folkstone à Boulogne ; et 180 kilomètres de câble avaient été posés entre la France et les îles avoisinantes, telles que Belle-Ile, Noirmoutier, Ré, Oléron dans l'Océan, et les îles d'Hyères dans la Méditerranée. Des conducteurs avaient été posés dans les bouches du Danube ; enfin la Suède et l'île de Gothland venaient d'être mises en communication de la même manière.

L'Espagne, en 1860, relia à son continent les îles Baléares. Nous dirons un mot de cette opération.

La *Buenventura* effectua les sondages, sous le commandement de l'amiral Martines Péry. MM. Henley et Cie avaient l'entreprise de la pose ; sir Charles Bright était à bord du navire, comme ingénieur. Le navire anglais *Stella* apporta le câble, et l'immersion commença le 29 août 1860. Les divers tronçons de câble reliant les trois îles Baléares à la côte d'Espagne, furent posés sans difficultés.

Une autre communication télégraphique fut établie entre la côte d'Espagne et les îles Baléares, le 16 janvier 1861. Un câble fut posé entre Barcelone et l'île de Minorque, à Mahon.

Ici se place, dans l'ordre historique, une nouvelle tentative pour établir un câble télégraphique de la côte de France à celle de l'Algérie, car le câble posé entre la Sardaigne et la côte de Tunis en 1857, était depuis longtemps détruit.

Ce nouveau câble était formé d'un toron de sept fils de cuivre, ayant ensemble un diamètre de 2 millimètres. Quatre couches de gutta-percha alternaient avec quatre couches de *mastic Chatterton*, et enveloppaient le conducteur, ce qui donnait au tout un diamètre considérable ; enfin un revêtement de filin goudronné complétait l'âme du câble, qui était enveloppée d'une armature de fils d'acier, de 2 millimètres de diamètre, garnis eux-mêmes de filin goudronné. Cette dernière enveloppe variait en raison de la profondeur.

La figure 126 donne, de grandeur naturelle, la coupe du câble qui fut construit en 1860 pour être posé entre Marseille et Alger.

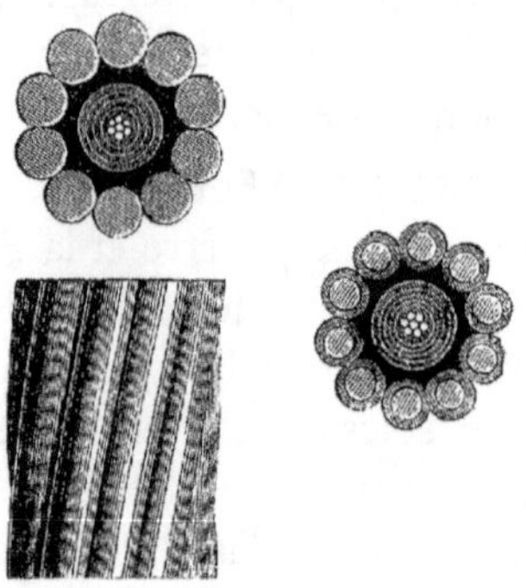

Fig. 126. — Câble construit en 1860 pour la ligne de Marseille à Alger (Câble côtier et câble de fond, grandeur naturelle.)

Le prix convenu entre l'administration française et une compagnie anglaise, qui s'était offerte pour poser le câble, fut de 1 900 000 francs.

La distance entre Marseille et Alger, étant de 750 kilomètres, la longueur qui fut donnée au câble, fut de 885 kilomètres.

La résistance de ce câble était de 6 000 kilogrammes ; ce qui lui permettait de demeurer suspendu verticalement dans l'eau, à des profondeurs considérables. Au moment de l'expérience où ce câble se rompit, son allongement était d'environ 0,33, sans que les spires des fils de fer fussent écartées, il ne se produisait qu'une simple diminution de diamètre et un suintement de goudron. Dans cette épreuve, le conducteur et la gutta-percha n'avaient éprouvé aucune avarie.

Le câble, après avoir subi d'excellentes vérifications, pour la conductibilité électrique, fut placé à bord du *William Cory*, qui se rendit à Alger, le 9 septembre 1860.

Après avoir fixé au rivage le gros câble, l'immersion du petit câble commença le 10 septembre, avec une vitesse moyenne de 8 kilomètres par heure. Le lendemain, une coque passa dans les freins, et les communications furent arrêtées, sans qu'il y eût rupture du câble.

Le câble fut relevé d'une profondeur de 2 600 mètres et l'on put atteindre la coque. L'armature n'était pas brisée, mais elle était endommagée : au moment où le câble s'était redressé, la gutta-percha par suite de la tension, avait fait saillie entre deux fils de l'enveloppe, et elle avait été coupée par leur rapprochement. La partie détériorée du câble fut retranchée, on fit une soudure, et l'opération reprise, marcha bien jusqu'au lendemain. La mer devint alors tellement agitée, qu'il fut impossible aux hommes chargés du déroulement d'empêcher la formation de nouvelles coques. Le câble ne put résister, il se rompit à 80 kilomètres de terre, au-dessus d'une profondeur de 2 400 mètres.

Il fallut donc abandonner l'entreprise, et rentrer à Marseille. Seulement, pour profiter de la portion de la ligne immergée jusqu'aux îles Baléares, le câble fut relevé près de l'île de Minorque, où il passait, puis mis en communication avec les câbles qui réunissent ces îles à l'Espagne. Il fallut quatre jours, du 27 au 30 septembre, pour pouvoir ressaisir le câble, mais on en vint à bout.

Le *William Cory* chargé d'un nouveau câble, semblable au précédent, escorté du *Gomer*, vaisseau de la marine impériale, recommença l'opération de la pose, le 14 novembre 1860. Malheureusement à 162 kilomètres, un abordage eut lieu entre les deux navires. Le *Gomer*, par suite d'une fausse manœuvre, étant venu se jeter sur le *William Cory*, la machinerie et les cheminées furent brisées. Il fallut couper le câble, après y avoir placé une bouée et regagner au plus vite la côte.

Le 13 janvier 1861, on tenta de relever ce câble ; mais la corde du grappin cassa, à la profondeur de 1 700 mètres, et le dragage étant impossible par de pareilles profondeurs, il fallut renoncer à profiter de la partie immergée.

L'opération fut encore reprise en août 1861, en adoptant le tracé de Mahon à Port-Vendres. Elle fut effectuée heureusement par le steamer *le Berwick*, escorté de l'aviso à vapeur *le Brander*. Du 31 août au 7 septembre 1861, on immergea 418 kilomètres de câble, pour une distance de 344 kilomètres, c'est-à-dire un cinquième de plus que la longueur en ligne droite.

Le 1er octobre une perte d'électricité se déclara ; on s'occupa donc de relever le câble d'une profondeur de 2 400 mètres, et cette opération périlleuse fut menée à bonne fin. Le 5 du même mois, 30 kilomètres étaient relevés, et le point vulnérable signalé. La pose se termina le 7. La communication immédiatement établie jusqu'à Alger, donna pour une longueur totale de 850 kilomètres, une vitesse de 8 à 10 mots par minute.

Malheureusement on s'était servi, pour cette dernière partie de la ligne, d'un câble construit depuis un an. Aussi, au bout de quelques mois, ne fonctionnait-il plus. Peu de temps après, l'autre portion manqua à son tour, si bien que le malheureux conducteur demeura hors de service dans sa totalité.

La perte de l'administration française s'éleva, dans cette fâcheuse occurrence, à 2 825 000 fr.

Le *William Cory*, qui venait d'effectuer cette expédition si mal terminée, partit de Toulon, le 27 janvier 1861, pour se rendre à Otrante, où il devait jeter un câble de cette ville à Corfou.

Lorsque tout le câble fut déroulé, le bâtiment se trouvait encore à 28 kilomètres de Sidari. Une bouée munie d'une chaîne de 160 brasses, fut attachée au câble ; mais elle disparut : la profondeur au lieu d'être de 100 brasses, comme l'accusaient les cartes, était de 420 brasses.

Le *William Cory*, après être allé chercher un câble additionnel, revint le 30. La nature du fond fut soigneusement examinée le 31. La recherche du câble commença enfin le 6. À 5 heures du soir, le câble, accroché à 80 brasses de profondeur, fut relevé, mais la chaîne se rompit et il fallut recommencer. Le 7 février cependant il fut amené à bord, soudé à l'autre câble, et l'immersion recommença. Les 19 kilomètres de câble que l'on avait sous la main, furent filés. Le câble fixé à une bouée fut abandonné. On n'était qu'à 2 lieues de Sidari, dans une eau de 30 brasses de profondeur. Le 8, à 5 heures du soir, la ligne fut complétée. Les essais étaient satisfaisants.

Mais le *William Cory* ne devait pas rentrer sain et sauf à Otrante. Le vent du sud se mit à souffler avec une telle force, que le bâtiment avait peine à se soutenir. Enfin, le 12, il échoua à 4 lieues au nord d'Otrante, heureusement sur une plage de sable. Il fut remis à flot et put regagner Malte. L'opération de la pose avait été dirigée par M. Samuel Canning, ingénieur de MM. Glass et Elliott.

En juin 1861, un câble exactement pareil au précédent, fut posé par les mêmes navires, entre Toulon et Ajaccio. Mais, hélas ! au mois de juillet 1863, il ne fonctionnait plus.

En 1861, une compagnie anglaise établit entre l'île de Malte et Alexandrie un câble qui atterrissait en même temps à Tripoli et à Benghazi.

Le steamer *le Ranzoon* fut chargé de l'opération, la corvette anglaise*Medina* avait effectué les sondages. L'immersion ne dura pas moins de cinq jours, entre l'île de Malte et Alexandrie. Le câble ne se trouvant pas assez long, il fallut mouiller sur les roches d'un îlot voisin et le fixer à une bouée, en attendant que la ligne fût complétée. Cette ligne a 2,470 kilomètres de longueur.

La figure 127 représente ce dernier câble, qui présente trois grandeurs différentes, sur les côtes *d*, dans la moyenne profondeur *e*, et dans les eaux profondes *f*.

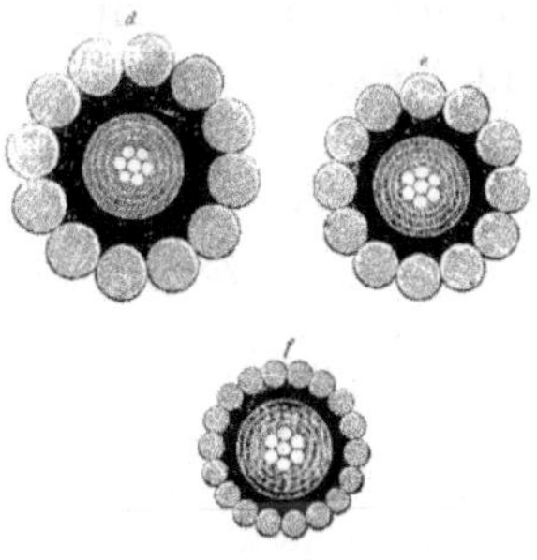

Fig. 127. — Câble de Malte à Alexandrie (Grandeur naturelle).

CHAPITRE VI

Pendant ce temps, la ligne de Singapore à Batavia (880 kilomètres) cessait de fonctionner ; et les câbles des Dardanelles à Chio et de Chio à Candie, se rompaient à leur tour.

Le 22 juin 1862, l'*Asia*, bateau à vapeur ayant à bord 132 kilomètres de câble, arrivait à Dieppe, pour poser un câble entre Puys (près Dieppe) et Newhaven. Le 23 à 6 heures l'opération commençait. M. Henley, qui avaitconstruit le câble, se chargeait de la pose à ses risques et périls.

Le chaland qui devait atterrir le câble, coula par suite du mauvais temps ; le 25, un nouveau chaland amena le câble à terre. L'*Asia* commença la pose, escorté de l'aviso de la marine impériale *le Cuvier*.

Les premiers essais de transmission électrique furent mauvais ; on poursuivit cependant. Le temps, qui ne cessait d'être contraire, n'empêchait pas l'*Asia* de filer 3 à 4 nœuds. Le 26 à 3 heures du matin, la bobine de charpente sur laquelle le câble était enroulé, se brisa. À 8 heures l'avarie était réparée ; mais à 10 heures une immense coque passa dans la machinerie, et il fallut couper le câble. L'épissure exigea sept heures de travail. À 6 heures, l'*Asia*mouillait en vue de Newhaven ; le 27, le câble arrivait à terre.

Peu de temps après, le 8 juillet, le *Victor* steamer anglais, arriva à Dieppe, et remplaça par un autre câble la partie, longue de 3 kilomètres, qui avait laissé beaucoup à désirer pour la transmission électrique.

Au mois de mars 1862, une compagnie anglaise faisait poser un nouveau câble entre l'Angleterre et l'Irlande. Il allait de Pembroke (Angleterre) à la pointe de Carnsore, près Wexford (Irlande). Il présentait ceci de particulier que les douze spirales de fer étaient protégées contre la corrosion de l'eau de la mer, par du chanvre goudronné enduit d'une poudre (*roman cement*) qui empêche le goudron de coller ses spires.

Un câble tout pareil fut posé, le 14 août 1862, pour le compte de la même compagnie, entre Lowestoft (Angleterre) et Zandwoort de Harlem (Hollande). L'immersion fut faite avec beaucoup de soin, à l'aide d'une machinerie perfectionnée. La route avait été soigneusement jalonnée par des bateaux. La perte de fil ne fut que de 7 pour 100.

Du 17 au 18 octobre les orages qui survinrent, le brisèrent à 8 kilomètres de la côte anglaise. Il fut relevé et réparé. Un nouvel accident survint en 1863 ; mais on y remédia promptement.

Nous terminerons cette longue revue en parlant des câbles de la Sardaigne à la Sicile, et de la dernière et malheureuse tentative qui fut faite pour rétablir la ligne sous-marine entre la France et l'Algérie.

Le gouvernement italien, voulant établir une communication entre la Sicile et la Sardaigne, demanda à MM. Glass et Elliott, de se charger d'immerger entre ces deux points un câble télégraphique. Celui qui fut fabriqué avait une densité moyenne de 2,68 et résistait à une tension de 7 000 kilogrammes.

Le 17 décembre 862, le *Hawthorns*, bâtiment à vapeur à hélice, arrivait à Cagliari (Sardaigne), M. Canning arrivait le 22, et le lundi 29, le câble fut atterri à*Porto-Gioco* un peu au nord du cap Carbonara, sur une plage sablonneuse.

Le *Malfatano*, navire de guerre à roues, désigné par le gouvernement italien pour tracer la route, était parti le 28, pour terminer quelques sondages. Le 29, le*Hawthorns* commençait le filage, bien que l'autre navire ne fût pas de retour. 5 kilomètres de *câble côtier* furent immergés, et le navire, après la soudure faite au câble proprement dit, se dirigea vers le banc de Skerki qui est à 160 kilomètres de la Sardaigne. On devait, après cela, mettre le cap à l'est jusqu'à la hauteur de l'île de Maretimo.

De 9 heures du soir, 29, à 2 heures du matin, 30, la plus grande profondeur d'eau était franchie, ainsi que l'indiquait le dynamomètre.

À minuit, un steamer fut signalé. Le *Hawthorns* fit partir une fusée, espérant que c'était le *Malfatano* ; mais on ne reçut aucun signal en réponse. À 8 heures du matin, la sonde donnait 300 mètres, avec fond de sable. À midi, les courants l'avaient entraîné à 25 kilomètres au sud-ouest de la route prévue. Il ne devait pas rester assez de câble pour atteindre le but. Les instructions nautiques sur le banc de Skerki disent : « Les courants sont violents et sans direction certaine, ce qui rend la navigation très-difficile dans cette partie de la Méditerranée. »

CHAPITRE VI

À midi et demi, l'île de Maretimo étant visible à 70 kilomètres, par estime, M. Canning résolut de conduire le câble dans les bas-fonds qui l'entourent. On se dirigea droit sur cette île. Les courants dérangeaient constamment la direction ; mais, la terre étant en vue, on gouvernait en conséquence. À 3 heures, la houle devint de plus en plus forte. À 7 heures, le navire était au large de Maretimo, le vent et la mer grossissaient ; on voyait paraître des indices de mauvais temps, le bout du câble fut scellé et attaché à une bouée, à 250 mètres de la côte, par 110 mètres d'eau. Le navire prit le large se disposant à atterrir le lendemain ; mais un grain s'éleva, et il dut se réfugier à Farignano, où le *Malfatano* vint le rejoindre. Tous deux repartirent pour Trapani, afin de demander à Londres, par le télégraphe, l'autorisation d'employer à compléter cette ligne, la partie qui restait du câble d'Alexandrie, déposée à Malte en septembre 1861.

Le 12 janvier 1863, le Hawthorns, après avoir été chercher le câble, reprit l'immersion ; mais la mer redevint houleuse. À 10 heures du soir la nuit était noire, l'eau profonde, des récifs apparaissaient ; on jeta l'ancre. Le 14, la mer était calme, les bateaux purent amener le câble à la côte à 4 heures du soir, l'extrémité fut attachée dans une vieille tour sarrasine appelée *Torre Nubia*, à 18 kilomètres de Marsala et à 2 500 mètres de Trapani.

La longueur des câbles ainsi posés est de 390 kilomètres ; la distance réelle est de 280 kilomètres ; la perte de fil pendant la pose s'était élevée à près de 40 pour 100, ce que l'on comprend sans peine d'après l'absence du navire qui était chargé de tracer la route.

En 1863, un petit câble fut posé entre l'île d'Elbe et la Toscane ; un autre entre Otrante et Aulona. Ce dernier se brisa en 1864 ; mais M. Henley réussit à le relever d'une profondeur de 1 040 mètres, et à le réparer.

Le câble posé entre Malte et Alexandrie et atterrissant à Tripoli et Benghazi, se rompit également en 1864, à deux reprises différentes ; mais il fut réparé, grâce au peu de profondeur de la mer dans ces parages.

Au mois de juillet 1863, une troisième tentative fut faite pour relier la France à l'Algérie. Le câble qui fut immergé était d'un modèle nouveau, dû à M. Siemens, célèbre physicien de Berlin, directeur des télégraphes de Prusse. Il se composait (*fig.* 128) d'un toron de sept fils de cuivre A, d'une enveloppe de gutta-percha B, couverte d'un revêtement de caoutchouc C, formant la gaîne isolante, de deux couches de fortes cordes de chanvre D, E, saturées de goudron, appliquées à spires croisées, enfin d'une armature F, faite de bandes flexibles de cuivre, dont les spires se recouvraient. Le diamètre total était de 13 millimètres ; l'enveloppe extérieure du câble côtier était composée de fils de fer.

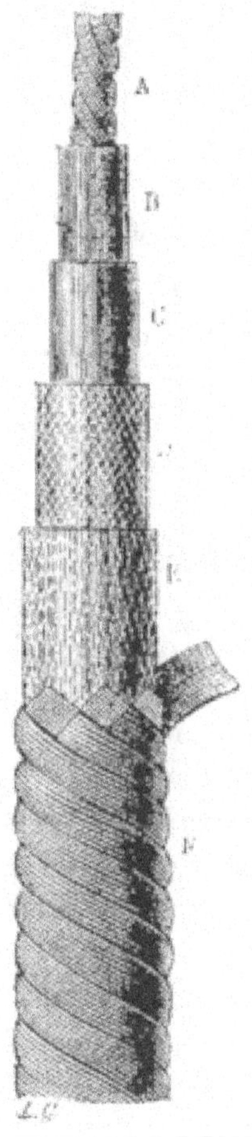

Fig. 128. — Troisième câble de l'Algérie, construit par M. Siemens, de Berlin (grandeur naturelle).

M. Siemens, au lieu de *lover* le câble dans un plan horizontal, à fond de cale, l'enroulait autour d'une bobine verticale. Cette bobine, traversée par un arbre en bois, se terminait, au sommet, par un axe s'emboitant dans un grand madrier, et à la partie inférieure, par un manchon en cuivre, qui tournait dans un cylindre creux en fonte. Par l'intermédiaire de rouages et de courroies, une machine à vapeur mettait en mouvement l'appareil d'émission. Le plateau inférieur de la bobine portait des galets roulant sur un rail circulaire. Le câble en se dévidant passait successivement sur deux poulies et tombait directement à la mer, ce qui rendait impossible la formation de coques pendant le déroulement.

Le câble devait suivre le tracé d'Oran à Carthagène, en atterrissant sur la plage d'Ain-el-Turk en Afrique et à l'Algameca-Chica sur la côte d'Espagne. On évitait ainsi les grandes profondeurs de 2 600 mètres que l'on rencontre sur les autres points, les fonds sur cette ligne ne sont guère supérieurs à 2 000 mètres.

L'*Éclaireur*, qui avait fait les sondages, devait tracer la route. Le 5 janvier 1864, ce navire se trouvait à Carthagène. Le 7, le *Dix-Décembre* arrivait en rade, venant d'Angleterre et portant le câble à son bord. Il fut décidé que la pose commencerait par la côte d'Afrique.

Le 12, on avait installé les machineries, et l'on s'était rendu à Ain-el-Turk ; le temps parut suffisamment beau pour atterrir. L'immersion du câble côtier commence donc, Mais à 6 heures, on laisse échapper le câble, à l'extrémité duquel on était arrivé sans s'en apercevoir. Il fallut le 13, à l'aide d'une chaloupe, aller repêcher le câble perdu dans la mer. À midi, il fut relevé, et placé sur la chaloupe que le *Dix-Décembre* remorqua. À 1 heure et demie, un fil de l'armature extérieure cassa et forma chevelure à l'avant de l'embarcation. On fit la jonction du câble côtier avec le reste. Le 14, après avoir été retenu par le mauvais temps jusqu'à 2 heures de l'après-midi, on part doucement, en filant à la main le câble, l'*Éclaireur* donnant la route. Mais à 4 heures 25 minutes, un des galets sur lesquels roule la bobine, s'échauffe par suite du déplacement de certaines pièces. On s'arrête pour réparer cet accident, et un filin est attaché au câble, en prévision d'une rupture.

Fig. 129. — Siemens, directeur des télégraphes de Prusse.

À 5 heures un quart, on repart, avec une vitesse croissante. À 6 heures et demie, nouveau dérangement de la bobine. À peine se remettait-on en marche que le câble se brise. On revint au point de réunion du câble côtier avec le câble ordinaire où l'on avait laissé la veille une bouée. Le conducteur, amené à bord, fut coupé, et l'on procéda au relèvement, le 15, à 4 heures. À 5 heures et demie le câble, en partie relevé, se brisa, parce qu'il s'était engagé et demeurait fixé dans une roche du fond.

Nous ferons remarquer en passant que M. Siemens employait une méthode défectueuse pour le relèvement. Au lieu de prendre le câble par l'avant du navire, et de le haler, pour ainsi dire, dessus, il relevait le câble par l'arrière, en faisant marcher le bateau contre sa direction. Ce système est plein d'inconvénients.

M. Siemens renonça à sa méthode de poser le câble au moyen d'une bobine verticale ; il fit *lover* le câble dans la cale. Pendant cette opération, les galets s'écaillèrent ; le frottement devint alors énorme et l'on fut obligé de s'arrêter. Après quelques réparations, on reprit la marche. Mais bientôt après la rotation des galets devint impossible. Il fallut soulever le câble sur des crics pour empêcher le contact avec les galets qui ne pouvaient plus rouler.

Le 27 janvier seulement, le *lovage* fut achevé, et le 28, le *Dix-Décembre* reprit la pose. Les machines de déroulement devenues inutiles, avaient été démontées.

La soudure avec le câble côtier étant terminée, on part, avec une vitesse de trois à quatre nœuds, l'*Éclaireur* donnant la route. La vitesse dépassait six nœuds, le temps était beau, tout se comportait bien, lorsqu'à 7 heures et demie, le câble se brise, le dynamomètre n'accusant qu'une tension de 300 kilogrammes. Il ne restait plus suffisamment de câble, M. Siemens renonça à le relever, et les navires rentrèrent à Carthagène.

Au mois de septembre de la même année 1864, on essaya encore de relever ce malheureux conducteur ; mais après vingt jours d'efforts infructueux, il fallut abandonner l'entreprise. Aujourd'hui il n'existe aucun conducteur télégraphique direct entre la France et l'Algérie. Les dépêches à l'adresse de l'Afrique française, sont expédiées par la côte d'Italie. Elles vont de l'Italie à Marsala en Sicile, et de la Sicile à la côte de Tunis, par un câble sous-marin.

Une dépêche de vingt mots, de Paris à Alger, coûte 8 francs.

CHAPITRE VII

LE TÉLÉGRAPHE DE L'INDE. — PREMIÈRES TENTATIVES EN 1856. — PROJET DE SIR CH. BRIGHT EN 1862. — EXÉCUTION DE LA LIGNE.

Il nous reste à parler de la grande ligne télégraphique de l'Inde, en partie sous-marine, qui a été terminée au mois de mars 1865, de telle sorte qu'on peut aujourd'hui transmettre des dépêches depuis l'Angleterre jusqu'aux Indes et même jusqu'aux frontières de la Chine.

Déjà le gouvernement britannique avait songé à créer différents tronçons de lignes sous-marines, pour communiquer de Londres avec l'Inde. En 1856 on exécuta un premier essai : on avait créé tout un réseau télégraphique passant par Alexandrie et Suez en Egypte, ensuite par la mer Rouge, Aden et l'océan Indien. M. Siemens avait posé un câble de 5 500 kilomètres de longueur, divisé en six sections et allant de : Suez à Cosire, à travers la mer Rouge, de Cosire à Souakin, de Souakin à Aden, à la pointe méridionale de l'Arabie, d'Aden à la petite île d'Hallani, d'Hallani à Mascate (Arabie), enfin de Mascate à Kurrachie, port de la côte de l'Inde à travers l'océan Indien. Là, en empruntant les télégraphes aériens qui allaient jusqu'à Calcutta, on espérait pousser jusqu'au fond des Indes. Mais ces diverses lignes n'avaient eu qu'une durée éphémère. Le câble de la mer Rouge n'eut qu'une courte existence, en raison de la haute température de cette mer et de son fond rocailleux. Celui de l'océan Indien de Mascate à Kurrachie ne fonctionna que quelques jours. L'entreprise avait donc été abandonnée.

En 1862 sir Charles Bright, qui venait d'essayer de réparer le câble de la mer Rouge, présenta un projet tout différent. Il consistait à arriver, autant que possible, au territoire indien par des lignes terrestres. Le réseau télégraphique européen atteignait Constantinople, il fallait le prolonger à travers l'Asie, jusqu'à la presqu'île indienne. Le projet consistait donc à traverser par une ligne aérienne, la Turquie d'Asie, à pousser ainsi jusqu'aux bords de l'Euphrate, et à descendre le long de ce fleuve, jusqu'au golfe Persique. On devait traverser par un câble sous-marin, le golfe Persique, pour atteindre l'île d'Elphinstone sur la côte orientale de l'Arabie. De là, jusqu'à la presqu'île de l'Inde, il fallait suivre la voie sous-marine, à cause du peu de sécurité qu'offraient les barbares habitants de ces contrées. Un câble sous-marin devait donc traverser le golfe d'Oman, aborder à Gwatter, sur la côte du Mekran (Béloutchistan), d'où un fil télégraphique aérien traversant le Béloutchistan, pénétrerait dans l'Inde.

Fig. 130. — Latimer Clark, ingénieur du télégraphe anglo-indien.

Le colonel Stewart, en 1862, fut chargé d'explorer dans ce but, les côtes du Mekran, du Béloutchistan, du golfe Persique et la Turquie d'Asie, depuis Bassorah jusqu'à Constantinople.

Sur son rapport favorable, l'entreprise fut décidée. Le colonel Stewart eut la direction des travaux, sir Charles Bright et M. Latimer Clark furent désignés comme ingénieurs électriciens.

Le câble qui fut construit pour la traversée du golfe Persique, diffère essentiellement des autres. Le conducteur est composé de quatre fils étirés dans un tube creux, et présente l'apparence d'un fil massif, dont il a tous les avantages, tandis que sa conductibilité est augmentée de 28 pour 100. L'enveloppe isolante, composée de quatre couches de gutta-percha, fut appliquée avec tant de soins que le degré d'isolement obtenu était sans exemple. Recouvert ensuite d'une enveloppe de chanvre humide, le câble reçut une armature de douze fils de fer n° 7. La résistance de ce câble à la rupture devint ainsi de 8 tonnes. Enfin, pour le préserver de la corrosion de l'eau de mer, il fut recouvert d'une double enveloppe de chanvre et d'un composé bitumineux inventé par MM. Bright et Clark.

Commencée en février 1863, la construction de ce câble fut achevée au milieu du mois d'octobre de la même année. Sa longueur était de 1 413 kilomètres, son poids total de 6 000 tonnes. Le transport d'une pareille masse à une grande distance n'était pas chose aisée. Il fut effectué par six vaisseaux, pourvus chacun de trois bassins de fer pleins d'eau dans laquelle le câble fut tenu constamment immergé.

Le premier des navires, le *Marian-Moore* portant 300 kilomètres de câble, parti d'Angleterre, arrivait à Bombay, le 22 décembre 1863, suivi du *Kirkhan*, portant le reste du câble destiné au golfe Persique, et l'on se prépara à immerger la première section, qui embrassait l'intervalle de Gwatter, petite ville du Béloutchistan, sur la côte du Mekran, à la baie de Malcolm, près du cap Moussendon, à l'entrée du détroit d'Ormouz, qui est comme la porte du golfe Persique, et se trouve en face des rivages de la Perse.

Le lieu d'atterrissement choisi était une petite île rocheuse, nommée Elphinstone, qui permettait d'échapper aux déprédations des habitants de ces contrées.

Le *Coromandel*, la *Zénobie* et la *Sémiramis*, de la marine royale, destinés à seconder les deux autres navires, composaient l'escadrille. Le *Coromandel* traçait la route, les deux autres servaient de remorqueur. Après sept jours d'un voyage difficile, vu le grand chargement de ces navires, la flottille mouillait à Guadur, où la *Clyde*, chaloupe canonnière d'un faible tirant d'eau, procéda de suite à l'atterrissement.

Le 9 février, le *Kirkhan* remorqué par la *Zénobie*, commença à filer le câble, en se dirigeant vers le cap Jask. L'opération s'effectua sans encombre.

Comme l'un des deux navires remorquait l'autre, il importait de bien assurer la simultanéité, la concordance de leurs mouvements. On y parvint en faisant usage d'un système de communication moins incertain que celui des feux et des pavillons. Véritable imitation du système de signaux inventé par Polybe, il y a quelque deux mille ans, et que nous avons décrit et figuré dans les premières pages de ce volume, ce système consistait à placer une lampe derrière un écran mobile. En faisant varier à volonté la visibilité de la lumière, on représentait tous les signaux de l'alphabet télégraphique de Morse. Ces signaux néo-antiques furent si habilement employés, que les dépêches les plus compliquées furent échangées entre les deux vaisseaux, à raison de vingt mots par minute.

La profondeur de l'eau variait de 50 à 60 mètres, et le câble filait avec une vitesse de quatre à cinq nœuds.

Le 6, à 10 heures du matin, le *Kirkhan* jetait l'ancre devant le cap Kungoun, à 290 kilomètres ouest de Guadur. Il avait filé la totalité de son câble. On procéda alors au transbordement à bord du *Marian-Moore* de l'équipage et des vivres.

Le 7 au matin, la flottille, moins la *Sémiramis* et le *Kirkhan*, qui retournaient à Bombay, reprit la pose du câble. Elle côtoya les rochers escarpés qui bordent le Béloutchistan et s'arrêta le 8, au cap Jask. Enfin, le 9, après avoir franchi le détroit d'Ormouz qui commande le golfe Persique et doublé le cap Moussendon, on put voir les hautes montagnes de la côte arabique rapprochées en apparence, mais dont les points culminants, hauts de 3 000 mètres, étaient encore éloignés de plusieurs kilomètres.

Les vaisseaux continuaient à s'approcher de la côte, mais on n'apercevait encore que quelques rochers, lorsqu'enfin, à une distance d'environ 90 mètres du rivage, on signala l'entrée de l'étroite baie de Malcolm. Après avoir traversé cette porte naturelle, les vaisseaux de l'escadre se trouvèrent environnés de rochers escarpés, d'une hauteur prodigieuse, qui ont à leurs pieds une série de lacs d'une beauté sauvage.

Les navires anglais, en s'approchant du rivage, tirèrent plusieurs coups de canon, pour faire connaître leur présence aux Arabes, et montrer en même temps leurs moyens de défense. Ces décharges d'artillerie, se répercutant de roche en roche, dans la baie de Malcolm, avec le bruit du tonnerre, produisaient sur l'esprit des habitants de ces rivages une impression de vive terreur.

Enfin, le 12 février, la communication était ouverte, entre Gwatter et le golfe Persique, par une ligne de 600 kilomètres de câble.

Il fallait attendre que de nouvelles longueurs de câble arrivassent d'Angleterre, pour procéder aux opérations ultérieures. Au commencement de février, la *Tweed* et l'*Assaye* apportaient 1 200 kilomètres de câble. Le 1er mars, ces deux navires, remorqués par la *Zénobie* et la *Sémiramis*, entrèrent dans le golfe Persique, et le 10, dans la baie d'Elphinstone.

La petite baie dans laquelle l'escadre jeta l'ancre, est presque entièrement enveloppée par les terres. Elle est entourée de rochers aux pentes abruptes, qui plongent perpendiculairement dans la mer, et s'élèvent à une hauteur de 1 000 à 1 200 mètres.

L'aspect de l'île et de la baie d'Elphinstone s'accorde parfaitement avec le caractère de ses habitants, qui sont cruels et sauvages. Ces enceintes montagneuses, véritables places fortes, auxquelles on n'arrive que par des passages sombres et tortueux, sont parfaitement disposées pour servir d'abri aux hordes dangereuses de pirates, qui les fréquentaient peu d'années auparavant, sous Ben-Sagger, sultan de Ras-el-Khimer. Les habitants de cette île, sauvages et pillards, relèvent de l'iman de Mascate, mais la domination de ce prince est plus apparente que réelle. Ils ne peuvent plus s'adonner ouvertement à la piraterie, ce que rend impossible la surveillance continuelle des bâtiments de la marine indienne, mais, naturellement violents et farouches, ils préfèrent au travail de la pêche des perles, tout bénéfice obtenu par la violence.

Il était difficile d'entrer en accommodement avec de tels barbares, qui promettaient pourtant d'approvisionner l'expédition et de faire respecter la station télégraphique. On eut recours à tous les moyens de conciliation. On invita les cheiks à venir à bord du *Coromandel*, et on leur offrit tous les objets qui pouvaient leur plaire.

Les cheiks de la baie d'Elphinstone paraissaient sensibles à ces marques généreuses, car ils arrivaient en nombre considérable. Leur nombre même et la succession continuelle des cheiks qui venaient recevoir des présents à bord du *Coromandel*, finirent par étonner, et l'on découvrit alors que le véritable cheik, après avoir obtenu son audience et reçu son présent, s'éloignait et envoyait successivement tous ses bateliers, revêtus de ses propres vêtements, pour figurer un autre cheik, La plaisanterie parut bonne, mais on se hâta d'y mettre un terme.

Fig. 131. — Visite des cheiks arabes du golfe Persique aux navires anglais posant le câble sous-marin dans la baie d'Elphinstone.

Bien qu'amicales, les négociations avec les Arabes du golfe Persique étaient si peu sûres, qu'il fallut reculer la station télégraphique dans l'intérieur de l'île d'Elphinstone, où l'*Euphrate* et le *Constance* restèrent avec la chaloupe la *Clyde*, pour protéger le personnel employé à la station.

Sur ces entrefaites l'escadre s'accrut des bâtiments de la marine royale, la *Victoria* et le *Dalhousie.* La petite flotte se trouva ainsi composée de dix navires, force nécessaire pour imposer aux Arabes.

Le 13 et le 16 mars, un double câble côtier fut posé entre l'île et le continent, en prévision de l'usure contre les rochers.

Le 18, l'expédition partit pour jeter la suite du câble le long du golfe Persique, la *Tweed* filant le câble et étant remorquée par la *Zénobie.* L'escadre se dirigea sur Liviga, le câble continuant à se dérouler avec une parfaite régularité.

Le 19, les hautes terres de l'île Kishim à l'entrée du golfe Persique, apparaissaient comme une ligne de collines arides, d'un triste aspect. À 1 heure et demie du soir, les 148 kilomètres de câble qui remplissaient le bassin de l'avant du navire, ayant été filés, on ralentit la vitesse, et le changement au bassin de l'arrière s'effectua avec succès.

Quelques heures après un vent violent s'éleva, et fit craindre un moment qu'il ne fût nécessaire de couper le câble, pour l'attacher à une bouée. Le vent tomba, mais l'électricien, M. Laws, était très-gêné dans ses expériences, par les courants produits par la différence de tension de l'électricité terrestre aux deux extrémités de la ligne. La direction de ces courants changea fréquemment pendant la nuit, et les signaux envoyés de l'extrémité de la ligne, apprirent qu'un violent ouragan avait éclaté vers le cap Mousseridon.

Un phénomène plus curieux encore se produisit. Le plan horizontal des spires du câble placé dans la cale du navire, formait un angle aigu avec la direction du méridien magnétique terrestre ; de sorte qu'à chaque changement de direction du navire, il se produisait dans le fil du câble, des courants d'induction qui traversaient la ligne et gênaient beaucoup les opérateurs.

Les 20 et 21 mars, la *Zénobie* et la *Tweed* filaient leur câble avec la plus grande régularité. La *Tweed* achevait le 21 au soir, de filer son câble, à 64 kilomètres de Bushire port de la côte de Perse. Elle en avait déroulé 570 kilomètres en 74 heures. L'état électrique du câble s'était considérablement amélioré, et l'isolement était parfait.

Le 22, l'opération du transbordement s'effectua sans accidents et l'*Assaye* continua la pose.

Dans la matinée du 23 mars, on découvrit les hautes montagnes neigeuses qui s'élèvent autour de Bushire. À 9 heures, la flottille mouillait à 5 kilomètres de cette ville. C'était précisément le point de la côte où les vaisseaux anglais, dix ans auparavant, avaient jeté l'ancre, pour débarquer des troupes destinées à faire le siège de Bushire, pendant la guerre contre la Perse.

Le 24, l'atterrissement terminé, la communication fut ouverte sur une longueur de 650 kilomètres entre le cap Moussendon et Bushire.

Enfin, le 25, le second câble côtier fut fixé, et l'escadre se dirigea sur Fao, ville du territoire ottoman, aux embouchures réunies de l'Euphrate et du Tigre.

Le 27, on retrouvait la *Victoria*, qui avait été envoyée en avant, pour faire les sondages. À 4 heures du soir les navires étaient à environ 40 kilomètres de Fao ; et c'est alors qu'ils commencèrent à ressentir le dangereux effet des courants que l'Euphrate et le Tigre versent dans le golfe Persique. Les vaisseaux donnaient au loch une vitesse de six nœuds et demi, tandis qu'ils n'avançaient en réalité, par suite du courant de surface, que de deux nœuds et demi.

À sept heures du soir, on se trouvait à 11 kilomètres du rivage, et l'eau était tellement basse, qu'on jugea prudent de se mettre à l'ancre pour la nuit. On avait filé depuis Bushire, 547 kilomètres de câble.

Le 28, au matin, ceux qui ne connaissaient pas ces parages furent surpris de n'apercevoir aucune terre, La mer était extrêmement basse, et les eaux fangeuses des deux grands fleuves couraient avec une étonnante rapidité, ce qui prouvait que l'on approchait du rivage. On n'apercevait pourtant, dans un rayon de 80 kilomètres, aucune trace de terre. Sir Charles Bright fut convaincu, au premier coup d'œil, que l'atterrissement d'un câble dans une eau si fangeuse et si rapide, offrait de graves difficultés.

Fig. 132. — Charles Bright, ingénieur du télégraphe anglo-indien.

Aucun bâtiment de l'escadre ne pouvait approcher à plus de deux lieues du rivage. Les chaloupes mêmes, tout en profitant de la marée haute, ne pouvaient s'approcher à plus de 3 kilomètres. Il fallait, en outre, pour atteindre la station flottante du fleuve, traîner le câble à une distance de 6 400 mètres, sur un banc fangeux et sans consistance, que la haute marée venait recouvrir.

Dans ces conjonctures difficiles, sir Charles Bright prit le parti suivant. Il fit couper en fragments de 1 600 mètres de longueur, la quantité de câble nécessaire pour traverser le banc de vase, et il fit embarquer ces fragments à bord du bateau plat *la Comète*. Puis on réunit cinq-cents Arabes, que l'on chargea de traîner ces fragments de câble à travers la vase, et de les disposer bout à bout. Les extrémités de ces tronçons furent ensuite soudées deux à deux, et la communication fut complétée entre la station flottante de Fao et le rivage à Khor-Abdallah.

Il ne restait plus qu'à fixer à terre l'extrémité du câble pour achever la ligne jusqu'à Bassorah (Turquie d'Asie), et établir ainsi la liaison télégraphique de l'Asie Mineure et de la Turquie.

Bien qu'il y eût à peine une distance de quelques lieues à faire le long du Tigre, cet atterrissement était un travail d'une difficulté extraordinaire, à cause du manque d'eau dans le fleuve, de la profondeur de la vase et de sa faible consistance.

Le 4 avril, l'*Amber Witch* ayant pris à son bord une certaine quantité de câble, navigua aussi près du bord que son tirant d'eau le lui permettait, c'est-à-dire à deux lieues environ. Deux lieues de câble furent alors distribuées entre dix des plus grandes chaloupes qui appartinssent à la flotte, et le 5 avril au matin, ce long cortège flottant s'éloigna de l'*Amber Witch*, du côté du rivage.

Mais quand on eut filé 6 400 mètres de câble et que les chaloupes furent à environ 4 600 mètres du banc de vase auquel on donne le nom de rivage, les chaloupes échouèrent. Il y avait très-peu d'eau, mais on rencontrait toujours au fond, la vase.

Il n'y avait pas à hésiter ; il fallait à tout prix fixer le câble à un point quelconque. Sir Charles Bright sauta le premier hors de la chaloupe ; il s'enfonçait dans la vase jusqu'à la ceinture. Son exemple fut suivi par les officiers et tout l'équipage, au nombre de plus de cent hommes. Tous se jetèrent dans la vase, où ils disparaissaient jusqu'à la poitrine, sans toutefois lâcher le bout du câble qu'ils tiraient avec eux.

Fig. 133. — L'atterrissement du câble indien aux embouchures de l'Euphrate et du Tigre, par les équipages des navires anglais.

On comprend combien devait être lente et difficile la marche dans ces conditions. Il fallait tantôt nager et tantôt marcher ; on ne pouvait s'arrêter un moment sans risquer de disparaître au fond d'un lit de boue. Cependant aucun des hommes n'eut la pensée d'abandonner le câble.

Il n'était que 2 heures, quand le détachement quitta la chaloupe, et le banc à traverser n'avait guère que deux kilomètres d'étendue ; cependant il était presque nuit lorsque les derniers, au nombre de vingt, eurent atteint le bord. Couverts de fange, ils étaient presque nus, ayant perdu ou abandonné plusieurs parties de leurs vêtements dans leurs efforts pour atteindre le bord. Mais le câble était fixé, et ce résultat faisait oublier à ces braves gens leurs peines et les périls qu'ils venaient de traverser.

Le petit détachement n'était pas au terme de ses fatigues. On s'aperçut que les vaisseaux de l'expédition qui attendaient dans le Tigre, se trouvaient en panne, de l'autre côté d'un autre banc fangeux, mais un peu plus consistant que celui qui venait d'être traversé, et d'une étendue de près de deux lieues. En outre, un ouragan tout à fait tropical par sa violence, vint à se déchaîner, et le niveau de l'eau qui recouvrait la vase s'éleva rapidement.

Néanmoins tous les hommes réussirent à atteindre les vaisseaux, à l'exception d'un seul qui, vaincu par la fatigue, disparut, avant qu'on pût lui porter secours. Tous étaient épuisés, et quelques-uns se trouvaient dans un tel état de faiblesse que leurs compagnons durent les porter dans leurs bras.

Le câble était fixé sur la terre ferme, à Bassora (Turquie d'Asie). Mais il restait à relier cette station à la station flottante que l'on avait précédemment établie sur le Tigre. Il fallait faire traîner encore à travers la vase deux lieues de câble ; six cents Arabes furent employés à ce dernier travail, qui s'accomplit avec le plus grand bonheur.

La ligne fut ainsi achevée depuis l'Inde jusqu'aux bouches de l'Euphrate et du Tigre, grâce aux deux câbles sous-marins qui traversaient le golfe d'Oman et le golfe Persique.

Les lignes de télégraphie aérienne qui courent du golfe Persique à Bagdad (Turquie d'Asie), de Bagdad à Alep et d'Alep à Constanlinople, à travers toute la Turquie d'Asie, mettent l'Europe en rapport direct avec l'Inde. Les télégraphes aériens qui existent à l'intérieur de l'Inde, de Gwatler à Kurrachi, mettent l'est de l'Inde en rapport avec la grande ligne venant d'Europe.

Pour assurer la durée de la ligne sous-marine, ce câble sous-marin a été doublé dans les parties qui semblent les plus exposées aux accidents. Enfin, comme il restait une grande longueur de câble, et que, de plus, la ligne aérienne de Gwatter à Kurrachi, paraissait peu sûre, on se résolut à compléter la communication par mer, et le 12 mai 1865, l'opération de la pose d'un câble sous-marin entre ces deux villes du Bélouchistan et de l'Inde s'achevait avec succès.

Depuis cette époque, on a établi une seconde ligne aérienne qui part du fond du golfe Persique, traverse la Perse et va se relier aux lignes télégraphiques russes, près de Tiflis.

C'est par cette double voie que les correspondances instantanées sont assurées aujourd'hui, entre la Grande-Bretagne et ses possessions de l'Inde. C'est ainsi que le négociant de la Cité de Londres fait maintenant parvenir, en douze heures, un message à Calcutta ou à Bombay.

On croit rêver quand on entend ces choses, et pourtant le récit que nous venons de faire des opérations diverses par lesquelles cette ligne immense a été établie, prouve que ce n'est pas là une chimère de l'imagination, mais un résultat calculé de la patience, du génie et de la science de l'homme.

CHAPITRE VIII

LA TÉLÉGRAPHIE TRANSATLANTIQUE. — M. GISBORNE ET M. CYRUS FIELD. — ÉTUDES PRÉLIMINAIRES. — TRAVAUX DU COMMANDANT MAURY. — NOUVEAUX SONDAGES DU LIEUTENANT BERRYMANN. — CONSTITUTION DE LA COMPAGNIE ANGLO-AMÉRICAINE DES CÂBLES TRANASTLANTIQUES.

La première idée de l'établissement d'une ligne télégraphique sous-marine, destinée à relier les deux mondes, date de 1852. À cette époque, M. Gisborne, ingénieur anglais, venait de se rendre en Amérique, après avoir été témoin du succès de M. Brett dans la création de la ligne sous-marine de Douvres à Calais. En arrivant, il s'occupa de constituer une compagnie financière pour réunir l'île de Terre-Neuve aux États-Unis, par un fil télégraphique qui abrégerait la route des dépêches apportées par les bâtiments européens. S'étant mis à l'œuvre, M. Gisborne établit, non sans de grandes difficultés, une ligne de télégraphie électrique terrestre entre Saint-Jean, ville de l'île de Terre-Neuve, à la pointe est de cette île, et le cap Ray (Terre-Neuve), sur une longueur de 500 kilomètres. Il fallut exercer une surveillance active pour faire respecter cette ligne dans l'intérieur de l'île.

On se proposait d'établir d'Europe à l'île de Terre-Neuve, un service de bateaux à vapeur partant de Gahvay (Irlande), et aboutissant à Saint-Jean de Terre-Neuve. Les nouvelles d'Europe seraient parvenues ainsi assez rapidement dans le nord de l'Amérique et aux États-Unis, si l'on avait pu établir une ligne sous-marine à travers le golfe Saint-Laurent jusqu'au continent américain.

Comme nous l'avons déjà dit, M. Gisborne jeta un câble sous-marin entre le Nouveau-Brunswick (continent américain) et l'île du Prince-Édouard, dans le golfe Saint-Laurent, à une profondeur d'eau de 22 brasses et sur la distance de 18 kilomètres. Pour établir une ligne continue, il aurait fallu immerger deux autres câbles, entre l'île du Prince-Edouard et l'île du Cap Breton, ensuite entre cette dernière et l'île de Terre-Neuve ; mais M. Gisborne ne put y parvenir.

La compagnie, à cette époque, se trouva engagée dans de mauvaises affaires, et M. Gisborne partit pour New-York, au commencement de 1854, espérant y trouver les fonds nécessaires pour mener à bonne fin son entreprise.

À l'hôtel où il était descendu, M. Gisborne rencontra un riche capitaliste américain, M. Cyrus Field, et lui fit part de son projet. Après l'avoir écouté attentivement, M. Cyrus Field répondit que, puisqu'on pouvait immerger des câbles dans le golfe Saint-Laurent, et à travers les baies maritimes qui bordent les côtes de l'Amérique, on pouvait peut-être tout aussi bien relier les deux hémisphères, en confiant au lit de l'Océan, un câble télégraphique, construit avec les soins voulus.

Mais ce travail gigantesque était-il dans les limites de la puissance humaine ? C'est ce qu'il fallait déterminer sans retard. Il y avait deux personnes, en Amérique, qui pouvaient éclaircir la question. C'étaient M. Maury, directeur de l'Observatoire national des États-Unis, et le professeur Morse.

M. Cyrus Field écrivit à M. Maury pour lui demander son avis sur la possibilité d'immerger un câble entre l'ancien et le nouveau monde, et il adressa une autre lettre au professeur Morse, pour savoir s'il regardait comme possible de faire franchir à un courant électrique la distance de 3 100 kilomètres qui sépare Terre-Neuve de l'Irlande.

M. Maury répondit affirmativement à cette question. Il disait dans sa lettre à M. Cyrus Field : « Il est à remarquer que lorsque votre lettre m'est parvenue, j'étais occupé du même sujet dans une correspondance avec le secrétaire de la marine des États-Unis. »

En effet, le 22 février 1854, M. Maury, alors lieutenant de la marine américaine, présentait au secrétaire de la marine des États-Unis un admirable travail contenant les résultats d'une série de sondages qu'il avait exécutés sur le trajet de l'Irlande à Terre-Neuve.

Entre l'Irlande et Terre-Neuve, comme le montrait M. Maury, le lit de l'Océan est très-propre à recevoir et à conserver, sans dommage, les fils télégraphiques. Il est assez profond pour que les fils, après qu'ils auront été posés, soient à jamais en sûreté contre les atteintes des ancres, des glaces ou de tous les corps flottants, et néanmoins la hauteur de l'eau n'est pas assez considérable pour que l'immersion du conducteur puisse présenter des difficultés sérieuses.

M. Maury ajoutait qu'il ne voulait pas, pour le moment, examiner si l'on aurait un temps suffisamment beau pour poser un câble d'une telle dimension, une mer assez calme, un navire assez vaste, pour porter un câble de sept à huit cents lieues de longueur, mais qu'il ne mettait pas en doute que l'industrie humaine ne vînt à bout de ces difficultés, si on lui soumettait sérieusement ce problème.

Quant au professeur Morse, sa réponse fut plus affirmative encore. Comme il avait fait en 1843, des expériences tendant à prouver la possibilité de l'établissement d'un télégraphe transatlantique, il répondit à M. Field que, depuis cette époque, sa confiance dans l'entreprise n'avait fait que s'accroître, et qu'il ne doutait point que la transmission de l'électricité d'un hémisphère à l'autre, ne se fît avec une régularité parfaite.

L'assentiment des savants était beaucoup dans cette affaire ; mais ce n'était pas tout : il fallait celui des capitalistes. M. Field se mit en campagne pour constituer une société financière qui achèterait les travaux faits à l'île de Terre-Neuve et dans le golfe Saint-Laurent, et qui s'occuperait ensuite de poser le câble océanien.

Après divers *meetings*, qui eurent lieu chez M. Cyrus Field, et où la question fut approfondie, on résolut, le 7 mars 1854, de former une *Compagnie transatlantique*. MM. Cyrus Field, son père et M. White, furent chargés de faire les démarches nécessaires pour acheter à la *Compagnie de Terre-Neuve* le privilège que le parlement canadien lui avait accordé pour exploiter pendant cinquante ans la télégraphie sous-marine et terrestre à Terre-Neuve, au Labrador, dans la province du Maine, de la Nouvelle-Ecosse et dans l'île du Prince-Edouard. Ils réussirent dans cette négociation : 200 000 francs furent comptés à M. Gisborne pour racheter les privilèges de la compagnie de Terre-Neuve.

Fig. 134. — Le commandant Maury, directeur de l'Observatoire des Etats-Unis.

Une faveur importante fut bientôt accordée à la *Compagnie transatlantique.* Les gouvernements anglais et américain lui accordèrent une subvention annuelle de 350 000 francs chacun, pendant la durée de l'exploitation de la ligne, une fois établie. Les deux gouvernements promettaient aussi leur concours pour les études préliminaires et pour les opérations de l'immersion du câble transatlantique.

On décida, sans plus tarder, que les travaux commenceraient l'année suivante.

Le premier pas de cette grande entreprise fut la réunion de Saint-Jean de Terre-Neuve avec les grandes lignes qui existaient déjà dans le Canada et aux États-Unis.

M. Field partit pour l'Angleterre, après y avoir préalablement commandé des échantillons d'un câble, destiné à traverser le golfe Saint-Laurent, pour relier Terre-Neuve au continent américain ; de sorte qu'à son arrivée, avec l'aide des ingénieurs, MM. Brunei, Bright, Brett et Whitehouse, il put procéder aux expériences.

Le câble pour la traversée du golfe Saint-Laurent, était composé de trois fils de cuivre parfaitement isolés. M. Field entreprit, sous la direction de M. Canning, de l'immerger dans le golfe Saint-Laurent, entre le cap Ray et le continent américain. Cet essai se fit au mois d'août 1855. Malheureusement dans les parages du cap Ray (Terre-Neuve), une tempête ayant assailli le bâtiment, le capitaine du navire jugea nécessaire de couper le câble.

Cet échec ne produisit aucun découragement ; la pose fut reprise l'année suivante.

Après être arrivé au cap Ray et avoir débarqué et relié la tête du câble à la station télégraphique, le *Propontis* chargé de cette opération fit route pour l'île du Cap-Breton, le 9 juillet 1856. Sa traversée du golfe Saint-Laurent fut très-heureuse, et s'effectua en quinze heures, sans le moindre accident ni temps d'arrêt. Le câble se déroulait avec la plus grande facilité, à raison de 8 à 9 kilomètres à l'heure. Pendant cette traversée, et tout en posant le câble, on envoyait constamment des messages à terre, et aussitôt après l'arrivée au cap Nord, une station télégraphique, érigée provisoirement sous une tente, permit d'inaugurer la complète communication entre l'île de Terre-Neuve et celle du cap Breton. Un second câble sous-marin de 23 kilomètres, jeté entre l'île du cap Breton et la Nouvelle-Ecosse, dans le détroit de Northumberland, acheva d'établir la communication avec le territoire américain.

Ainsi la communication sous-marine entre l'île de Terre-Neuve et le continent américain était un fait accompli. Il fallait maintenant songer à l'œuvre colossale du câble transatlantique.

Un physicien anglais d'une grande habileté, M. Whitehouse, consulté par M. Cyrus Field, donnait les assurances les plus encourageantes, et réfutait les objections de toutes sortes qui s'élevaient contre ce projet, si téméraire en apparence.

L'entreprise semblait, en effet, présenter des obstacles insurmontables. En admettant que l'on pût rencontrer, sur le bassin de l'Atlantique, un trajet où la profondeur de l'eau ne fût pas trop considérable pour recevoir le câble, comment trouver un temps assez calme, une mer assez paisible, un conducteur assez long, des moyens de transport assez puissants, pour l'établissement d'une telle ligne ? Et, ces obstacles aplanis, pouvait-on espérer que l'électricité dégagée par une pile voltaïque aurait assez de puissance pour s'élancer, sans interruption, d'une extrémité à l'autre de cet immense trajet ? Beaucoup de savants n'hésitaient pas à répondre négativement sur ces questions, particulièrement en ce qui concerne le dernier point, c'est-à-dire la possibilité de faire traverser à l'électricité, sans déperdition du fluide, l'espace entier de l'Océan. Telle était, par exemple, l'opinion de l'un de nos physiciens éminents, M. Babinet.

Cependant l'industrie anglaise et l'industrie américaine, à tort ou à raison, tiennent ordinairement peu de compte des appréhensions exprimées par les savants. Grâce aux sondages opérés en 1853 par le commandant Maury, on connaissait la profondeur de l'Océan entre l'Irlande et l'île de Terre-Neuve. On savait qu'il existait sur une partie du trajet un fond peu accidenté, qui reçut plus tard de M. Maury le nom de *plateau télégraphique*, et qui semble avoir été disposé par la nature pour donner asile à un fil sous-marin. En effet, sa profondeur n'est pas assez grande pour opposer des difficultés sérieuses à la pose du fil, et elle suffit pour empêcher que les montagnes de glace qui se détachent quelquefois du pôle, ou les courants sous-marins, ne viennent déranger le câble une fois posé. On avait constaté, en outre, que les débris terreux, ramenés par la sonde, se composaient de coquillages fort délicats dans un si parfait état de conservation qu'il était évident que nul courant n'existait dans ces basses régions, de telle sorte que le fil conducteur, immergé sur ce fond tranquille, y demeurerait à l'abri de tout accident.

M. Cyrus Field désirait faire vérifier les sondages faits en 1853 par M. Maury, sur le trajet de la future ligne sous-marine. À sa demande, le gouvernement américain confia cette nouvelle exploration au lieutenant Berrymann.

Cet officier, dont les explorations furent terminées en juillet 1856, trouva que la profondeur moyenne de l'Océan, sur tout le parcours de l'Irlande à Terre-Neuve, varie de 1 828 mètres, près des rivages de l'Irlande et aux abords de Terre-Neuve, à 3 782 mètres, profondeur extrême qui se trouve vers le milieu. Or, cette profondeur ne dépasse pas celles que présentent divers points du trajet de quelques lignes de télégraphie sous-marine qui fonctionnaient déjà dans l'ancien monde.

Le commandant Daymann, de la marine britannique, reçut de

son côté l'ordre d'opérer une autre série de sondages, sur le trajet projeté.

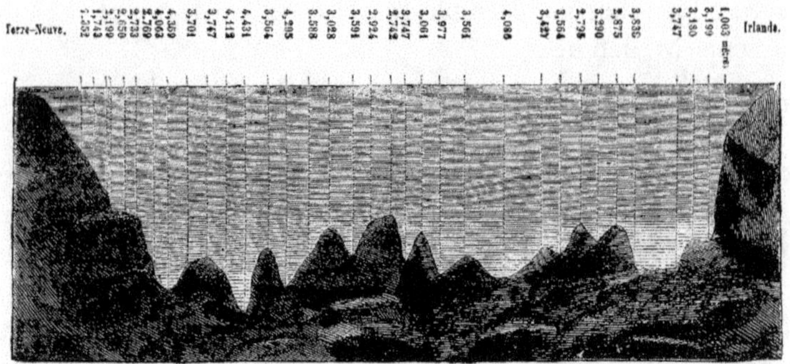

Fig. 135. — Profondeurs de l'océan Atlantique sur le trajet de l'Irlande à Terre-Neuve, d'après les sondages du lieutenant Daymam, faits avec le *Cyclope* en 1857.

La figure 135 représente la profondeur de l'océan Atlantique entre l'Irlande et Terre-Neuve, d'après les sondages effectués en 1857, par le lieutenant Daymann, sur le bateau à vapeur anglais, *le Cyclope.* On voit qu'à partir de l'Irlande, le sol s'abaisse progressivement jusqu'à une profondeur de 1 003 mètres. On est alors à cinquante lieues terrestres (200 kilomètres) de l'Irlande. Là le fond s'abaisse encore brusquement et descend à plus de 3 000 mètres. Cette profondeur se maintient, avec peu de variations, jusqu'à l'approche de la côte d'Amérique, c'est-à-dire jusqu'à cent lieues (400 kilomètres) de Terre-Neuve. La sonde accuse dans ce long trajet, des profondeurs qui varient peu, et qui vont de 3 000 à 4 000 mètres. C'est cette longue étendue du lit de l'Océan que le commandant Maury appelait *plateau télégraphique*, désignation un peu forcée, car le mot plateau suppose une égalité de niveau, qui est loin d'apparaître ici : c'est un plateau déchiqueté. Seulement les inclinaisons des pentes, comme le montre la carte, sont assez régulières.

Dans ces profondeurs extrêmes, les eaux de l'Océan sont aussi calmes que celles d'un étang, et le fil, une fois déposé sur le fond, devait donc s'y trouver à l'abri de toute cause de rupture.

Quels que soient, en effet, l'agitation et le tumulte des flots à la surface de la mer, le mouvement des vagues ne se fait plus sentir à une certaine profondeur au-dessous du niveau de l'eau. Ce résultat important fut mis en évidence par une observation, en apparence bien futile, mais qui donne une preuve frappante de la liaison qui existe entre toutes les sciences, et qui montre bien que les remarques les plus insignifiantes au premier aperçu, peuvent conduire quelquefois aux plus utiles inductions.

Nous avons dit que le lieutenant Berrymann avait rapporté en Europe les débris ramenés du fond de la mer par la sonde, pendant ses opérations. En examinant ces débris à la loupe, MM. Bailey et Ehrenberg reconnurent que ces débris ne consistaient qu'en coquillages excessivement petits, sans aucune parcelle de sable ou de gravier. Or, comme le fit remarquer M. Bailey, s'il existait au fond de l'Atlantique, sur les points où ont été opérés les sondages, des courants sensibles et de nature à offenser les câbles télégraphiques, ces courants entraîneraient des parcelles enlevées au fond, telles que du limon ou des grains de sable, et mêleraient ces débris aux coquillages. L'absence de tout débris de ce genre dans les coquillages examinés, démontrait donc qu'à cette profondeur les eaux de l'Océan n'éprouvent aucune agitation.

Mais, dira-t-on, comment une sonde a-t-elle pu pénétrer jusqu'à la profondeur de plus de 3 000 mètres, que présente sur quelques points de ce trajet le bassin de l'Atlantique ? Comment surtout une sonde peut-elle en rapporter des corps étrangers reposant sur ce fond ? Une sonde très-ingénieuse, imaginée par Brooke, lieutenant de la marine américaine, et que l'on nomme, à juste raison, *sonde de Brooke*, a permis de résoudre ce problème.

Nous décrirons ici cet instrument, qui a été d'un grand secours, tant pour rapporter des corps étrangers du fond de la mer, que pour faciliter les opérations du sondage dans les grands fonds. Avant l'invention de cet instrument, dont le commandant Maury et le lieutenant Berrymann firent usage avec le plus grand succès, les opérations de sondage par les grandes profondeurs étaient à peu près impossibles, et on renonçait à l'opération, après une certaine hauteur d'eau.

La tige de fer qui termine la *sonde de Brooke* est creuse et enduite de suif, afin de retenir et de rapporter les échantillons du sol du fond de la mer. À cette extrémité, elle traverse un boulet de canon, percé de part en part, d'un trou qui la laisse aisément passer. Aussitôt que la tige a touché le fond, le boulet se dégage par un déclic, et la sonde peut être retirée avec facilité. C'est ce que font voir les figures 136 et 137.

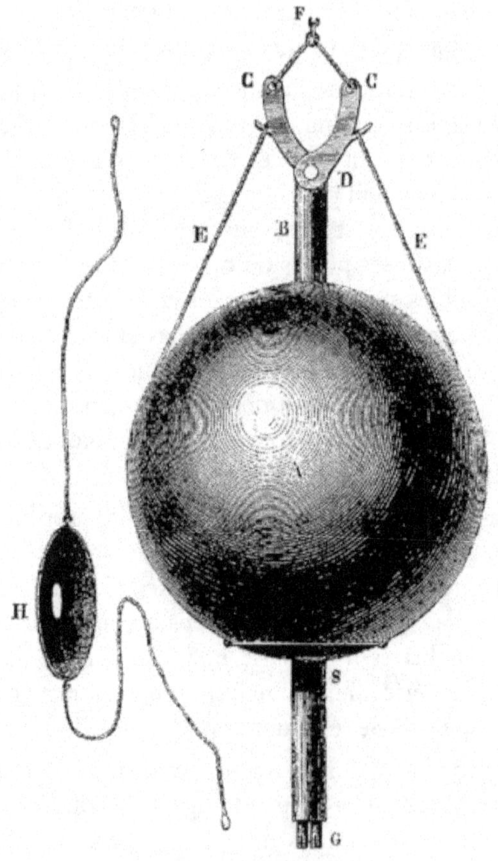

Fig. 136. — Sonde de Brooke.

La figure 136 représente la *sonde de Brooke* destinée à rapporter des parcelles du fond de la mer, On voit, à part, sur la même figure, le cercle qui contient le boulet assis sur une calotte de cuir H.

A est un boulet percé de part en part d'un trou et portant sur sa circonférence une rainure creusée pour recevoir les cordes E, E. B est une tige à laquelle est fixé un double bras CD se mouvant autour de l'articulation D, à laquelle le boulet est suspendu par les cordes E, E.

À l'intérieur de cette tige terminale, creuse, on introduit plusieurs tuyaux de plumes d'oie, ouverts aux deux extrémités et maintenus par leur propre élasticité ; Au point S, à l'intérieur du tube G est une petite soupape qui s'ouvre à l'extérieur pour permettre à l'eau de la mer de sortir à mesure que le sable s'introduit dans les tuyaux de plume et qui se referme lorsqu'on remonte la sonde, permettant ainsi de rapporter des spécimens du fond de la mer.

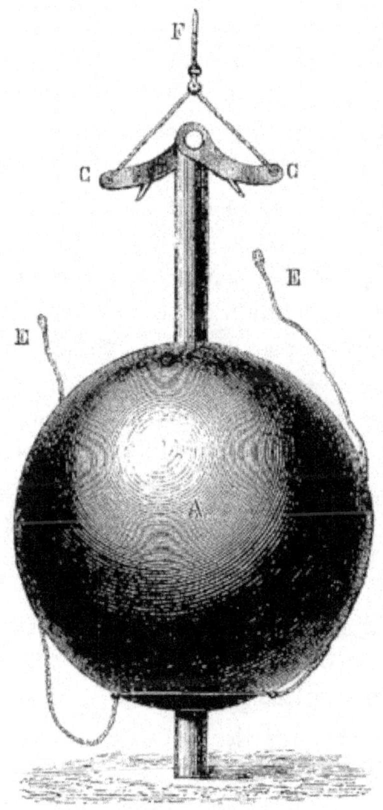

Fig. 137. — Sonde de Brooke après qu'elle a touché le fond.

La figure 137 représente l'appareil ayant touché le sol. Alors, le boulet agissant par son poids sur le bras CD, fait baisser ce bras, et la corde se sépare de son crochet.

Le boulet est donc abandonné au fond de la mer ; la tige B remonte seule, tirée par la corde F, du bord du navire, et rapportant à l'intérieur les corps étrangers rapportés du fond et qui sont demeurés engagés dans les tuyaux de plume, ou fixés au suif qui garnit son extrémité G.

On comprend que cet appareil fonctionnera aussi bien dans la vase que sur le roc, car il suffit d'un léger obstacle rencontré dans la descente pour que le boulet se détache.

Les sondages du lieutenant Maury ont prouvé à quelle exactitude on peut arriver avec cet appareil.

Grâce aux longues et consciencieuses explorations du lit de l'Océan faites par les deux navigateurs dont nous avons cité les noms, la première partie du problème, qui consistait à trouver un tracé convenable pour la direction de la ligne de télégraphie transatlantique se trouvait résolue d'une manière satisfaisante.

Un point plus difficile à décider, c'était la possibilité de faire franchir au courant électrique la distance de plus de 3 000 kilomètres qui sépare l'Irlande de Terre-Neuve. Mais les faits connus permettaient d'espérer la solution de cette difficulté. Sur le territoire des États-Unis, certaines lignes télégraphiques fonctionnaient à des distances de 1 280 à 1 600 kilomètres (320 à 400 lieues). On était même parvenu à faire exécuter des signaux par un courant électrique sur la ligne non interrompue de Boston à Montréal, qui embrasse 2 414 kilomètres. Enfin le télégraphe avait pu jouer, sans aucune interruption dans le conducteur, sur l'étendue totale de la ligne télégraphique qui s'étend entre New-York et la Nouvelle-Orléans, par Charlestown, Savannah et Mobile, et qui a une longueur de 3 164 kilomètres (790 lieues). Ces faits établissaient déjà suffisamment la possibilité de faire franchir à l'électricité toute la distance qui sépare les deux mondes.

On voulut cependant procéder à une expérience spéciale. Les directeurs des compagnies télégraphiques d'Angleterre et d'Irlande, ayant mis à la disposition des expérimentateurs, 8 000 kilomètres de fils sous-marins, le 9 octobre 1856, dans le silence de la nuit, on procéda à l'expérience. Elle donna des résultats tellement satisfaisants, que l'on resta convaincu que l'électricité pourrait franchir tout d'un trait la distance qui sépare Terre-Neuve de l'Irlande.

La difficulté de transporter la masse énorme du câble transatlantique ne pouvait non plus arrêter. On n'avait qu'à employer plusieurs bâtiments suffisant pour le transporter par fractions. Enfin il ne devait pas être impossible de trouver un temps favorable pour l'immersion de ce conducteur, puisque l'on avait rencontré des circonstances assez propices pour pratiquer, sur toute cette ligne, des opérations délicates de sondage et d'hydrographie.

Tous ces faits, toutes ces études, parurent suffisants, en Angleterre et en Amérique, pour tenter, avec espoir de succès, la réalisation de ce projet grandiose. On s'occupa en conséquence, de réunir les fonds pour commencer les travaux.

Le 6 novembre 1856 une compagnie fut formée, au capital de 8 750 000 francs, divisés en 3 500 parts de 2 500 francs chacune. M. Field s'inscrivit pour 880 parts, soit 2 200 000 francs. En un mois le capital était souscrit, et le premier appel, c'est-à-dire 1 700 000 francs, était versé par les actionnaires.

Il est à remarquer que cette entreprise fut bien plus encouragée par le public et le gouvernement anglais que par l'Amérique. En effet, l'Angleterre s'engagea à fournir les vaisseaux pour la pose du câble, et elle garantissait aux actionnaires un minimum d'intérêt de 4 pour 100, jusqu'au moment où les bénéfices s'élèveraient à 6 pour 100. Au contraire, les capitalistes des États-Unis hésitaient à participer à l'entreprise. Le Congrès de Washington ayant proposé un bill en vertu duquel le gouvernement concédait à la compagnie les mêmes avantages qui lui étaient faits en Angleterre, ce bill fut rejeté. Il fut adopté, il est vrai, l'année suivante, mais à la majorité d'une voix seulement.

La question financière ainsi résolue, les directeurs de l'entreprise purent se mettre à l'œuvre.

CHAPITRE IX

FABRICATION DU CÂBLE TRANSATLANTIQUE EN ANGLETERRE EN 1857. — PREMIÈRE TENTATIVE D'IMMERSION DU CÂBLE ENTRE VALENTIA ET TERRE-NEUVE EN 1857. — DEUXIÈME TENTATIVE EN

1858.

Le trajet entre l'Irlande et l'île de Terre-Neuve ayant été définitivement adopté, il restait à fixer le point de départ de la ligne sur chacun des deux rivages d'Amérique et d'Europe. Il fut arrêté que la ligne partirait de Valentia, sur la côte ouest de l'Irlande, pour aboutir à Saint-Jean (Terre-Neuve). La longueur totale de la distance qui sépare ces deux points, mesurée en droite ligne, c'est-à-dire, sur le méridien qui passe par ces deux points, est de 3 100 kilomètres (775 lieues de 4 kilomètres).

Pour parer à toutes les déviations de route auxquelles on devait s'attendre pendant la pose du conducteur télégraphique, il fut décidé que sa longueur totale serait de 4 100 kilomètres.

La fabrication du câble fut commencée en février 1857, et terminée au mois de juillet de la même année. Nous entrerons dans quelques détails sur sa construction.

Une seule fabrique n'aurait pu parvenir à exécuter dans le temps voulu, un câble télégraphique d'une pareille étendue. La construction en fut donc partagée entre l'usine de MM. Glass et Elliott, à Greenwich, et celle de MM. Newall, à Birkenhead. La première devait fabriquer l'*âme du câble*, c'est-à-dire le fil intérieur enveloppé de gutta-percha ; la seconde devait exécuter et appliquer l'armature extérieure. Ces deux manufactures s'engagèrent à fournir, pour le mois de juillet 1857, à raison de 630 francs par kilomètre, les 4 100 kilomètres de câble électrique, qui devaient former la longueur totale.

Quant à la composition qu'il fallait donner au câble, elle fut très-longuement étudiée. Soixante-deux échantillons différents furent proposés. Celui qui fut accepté, et dont nous allons parler, pesait 632 kilogrammes par kilomètre.

Le câble transatlantique ne présentait ni l'énorme volume, ni la résistance que l'on avait cru devoir donner à ceux qui unissent l'Angleterre à la France ou à la Hollande. En raison du peu de profondeur de la Manche, on avait été obligé, pour relier électriquement ces rivages, de construire un câble épais et solide, capable de résister aux ancres des navires qui pourraient le rencontrer, et aux courants capables de le déranger. Mais, construits de cette manière, les conducteurs télégraphiques sont d'un poids énorme et d'une assez grande rigidité. Il aurait été impossible, dans ces conditions, de transporter au milieu de l'Océan et de dérouler avec facilité, un câble d'une immense étendue. D'ailleurs, une fois les côtes franchies, le câble transatlantique n'a plus besoin d'être protégé contre les accidents par sa force et son épaisseur. Reposant à de grandes profondeurs dans l'Océan, il doit y demeurer à l'abri du choc des ancres et de l'agitation des eaux.

Le fil conducteur du câble transatlantique était donc unique. Seulement, pour qu'il pût s'étendre sans se rompre, il était composé de sept fils, de $0^{mm},7$ de diamètre chacun, entrelacés de manière à former un seul cordon métallique de $1^{mm},9$ de diamètre, pesant 26 kilogrammes par kilomètre.

À mesure qu'une certaine quantité du *toron* était fabriquée, on procédait aux expériences nécessaires pour constater sa bonne conductibilité électrique et sa résistance. Ensuite on le recouvrait de cinq à six couches de son enveloppe isolante. À chaque superposition de couches de gutta-percha, on vérifiait le degré d'isolement.

Ces enveloppes successives avaient pour but d'éviter les défauts de centrage auxquels on est exposé dans le cas d'une enveloppe unique, et en outre, d'empêcher l'introduction de bulles d'air, qui, entraînées mécaniquement avec la matière isolante, peuvent former des cavités pleines d'air, lequel échappe en perçant l'enveloppe, quand le fil est soumis à une forte pression.

On soumit ensuite le câble à une pression très-considérable, pour donner à la guttapercha une grande consistance ; la propriété isolante du câble s'accrut par cette opération.

La gutta-percha employée était préparée avec le plus grand soin. On râpait les morceaux bruts, au moyen d'un cylindre armé de dents, qui tournait dans une caisse profonde.

Les râpures passaient ensuite dans des rouleaux. On les faisait macérer dans l'eau chaude, et on les battait vigoureusement. Après les avoir lavées dans l'eau froide, on les plaçait dans de grands tubes verticaux, terminés par des tamis en toile métallique, et on les forçait à passer au travers de ces toiles, à la température de 100° au moyen d'une presse hydraulique.

La gutta-percha sortait en masses molles d'une très-grande pureté. Ensuite on la pressait, la pétrissait pendant plusieurs heures, au moyen de vis s'enfonçant dans des cylindres creux appelés *masticateurs*. On débarrassait ces masses de l'eau qu'elles contenaient, et l'on rendait ainsi la pâte parfaitement homogène dans tous ses points.

Ainsi broyée, pétrie, purifiée, la gutta-percha se trouvait convenablement préparée pour servir d'enveloppe isolante au fil conducteur. Pour disposer cette enveloppe autour du fil, on se servait d'un appareil mécanique que nous allons décrire, et qui est représenté par la figure 139.

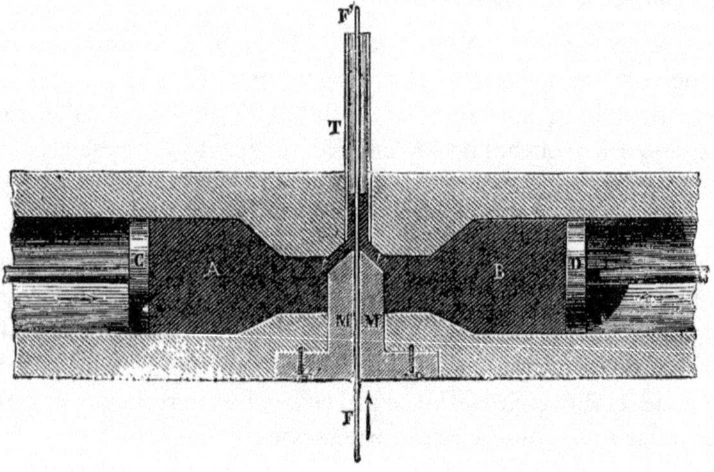

Fig. 139. — Appareil pour envelopper de gutta-percha les fils de cuivre du câble transatlantique.

La gutta-percha était placée dans des cylindres horizontaux, A, B, aboutissant tous deux à un tube vertical T, et chauffée au moyen de la vapeur, jusqu'à ce qu'elle devînt à demi fluide. Alors on pressait fortement la matière par les deux pistons C, D, qui avançaient lentement, poussés par une machine à vapeur. La gutta-percha s'écoulait alors par deux petits orifices *t*, *t'* ménagés à la base des cylindres et communiquant avec le tube T. On introduisait dans le tube FF' le fil, qui, après avoir passé dans la masse pleine MM, arrivait au tube T, où il recevait une couche de gutta-percha, laquelle, en se refroidissant, restait attachée au fil. Ce fil traversait d'une manière continue le tube FF′, tiré par une roue que la vapeur mettait en mouvement d'une manière uniforme.

Le fil recouvert de trois couches de gutta-percha, avait 9 mm de diamètre et son poids était de 84 kilogrammes par kilomètre. Deux kilomètres environ de ce*toron* étaient alors plongés dans l'eau, pour procéder aux épreuves électriques dites de *continuité* et d'*isolement*. Pour faire la première de ces épreuves on faisait passer un courant très-faible produit par un seul élément de la pile, à travers le fil enveloppé de gutta-percha, et l'on transmettait des signaux au travers du fil ; on avait ainsi une limite supérieure de la résistance à la transmission. Au contraire, l'*épreuve d'isolement* déterminait le minimum de résistance de l'enveloppe. Cette enveloppe isolante, était mise en relation, par l'intermédiaire du fil multiplicateur d'un galvanomètre très-sensible, avec le pôle d'une pile puissante de 500 éléments, dont le second pôle communiquait avec la terre. Le passage du plus léger courant à travers la gutta-percha, qui fonctionnait alors comme conducteur, était accusé par l'aiguille du galvanomètre, et ce phénomène décelait le défaut d'isolement qui pouvait exister dans l'enveloppe.

Cette épreuve étant faite sur une certaine longueur du fil, on soudait le fil reconnu bon au reste du conducteur, et l'on reprenait les mêmes épreuves sur d'autres longueurs.

L'*âme* du câble définitivement acceptée, était alors enroulée, par longueurs de 160 kilomètres, sur des bobines, dont les disques, de diamètre plus grand que celui de la masse du fil enroulé, étaient garnis de fer, afin de pouvoir les rouler comme des tonneaux, et les transporter sans les endommager.

Ces tambours, enveloppés soigneusement dans une feuille de gutta-percha, étaient placés dans des cuves pleines d'eau, et transportés à la manufacture de Birkenhead, pour y recevoir l'armature extérieure.

En arrivant à la fabrique, ces bobines étaient enfilées dans des axes autour desquels elles pouvaient tourner pour l'opération du déroulement. Pendant le déroulement de l'âme du câble, recouverte de gutta-percha, on appliquait autour du fil, une couche d'étoupe, imprégnée d'une composition formée de poix et de goudron. Cette garniture de chanvre avait pour but de protéger la gutta-percha contre la pression de l'armature en fer.

À mesure qu'une bobine était épuisée, on défaisait rapidement l'extrémité restante, pour en faire la soudure avec le fil d'une nouvelle bobine.

Restait à fixer l'armature. Cette opération se fit avec un appareil que nous allons décrire parce que ce même appareil est employé pour enrouler d'une manière générale, les tresses de fil de fer ou de fil de cuivre autour de l'*âme* des câbles sous-marins.

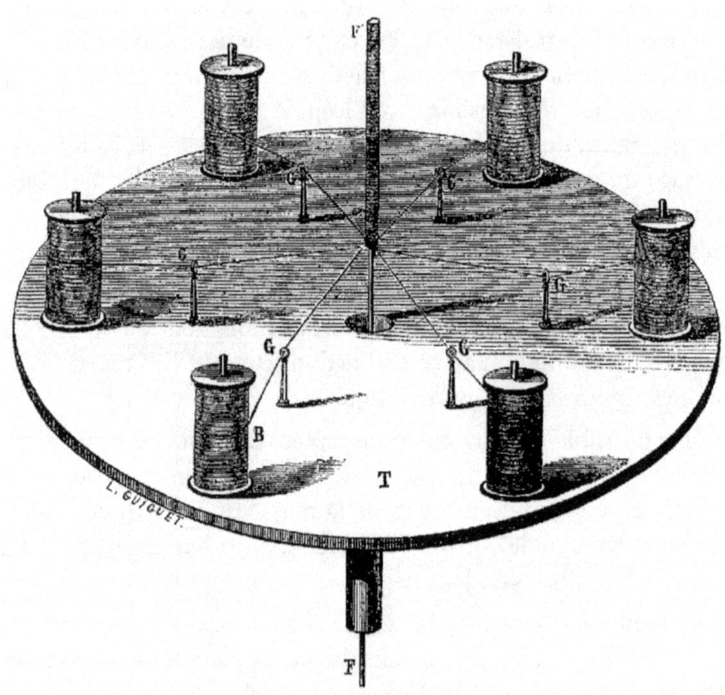

Fig. 140. — Appareil pour la fabrication des torons de fil de cuivre et de fil de fer

À la circonférence d'une table circulaire (*fig.* 140) sont placées un certain nombre de bobines B chargées de *torons* de fils de fer de

1^{mm},9 de diamètre, chaque toron se compose lui-même de 7 fils de 0^{mm},7. L'âme du câble FF′ passe par l'ouverture C, et en tournant sur elle-même, elle attire les torons de fils de fer des bobines qui sont placées verticalement tout autour. Les guides G, G, placés à des hauteurs convenables, règlent l'intervalle qui doit séparer chaque tour de fil.

Nous ajouterons que ce même appareil avait servi à fabriquer le toron de cuivre, qui forme l'âme métallique du câble.

Chacune des machines que nous venons de décrire, travaillait nuit et jour, et filait en vingt-quatre heures 157 632^{mm} de fil ou 22 526 mètres de torons.

Nous dirons à ce propos, que la longueur totale des fils de cuivre et de fer employés dans le câble atlantique était de 534 992 500 mètres, quantité suffisante pour faire treize fois le tour de la terre !

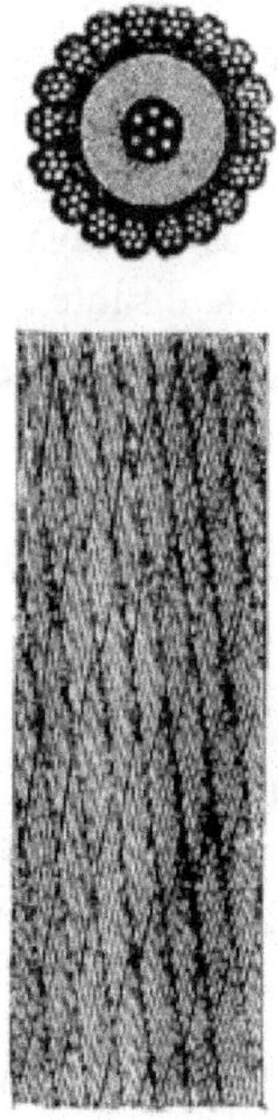

Fig. 141. — Câble transatlantique de 1858. (Coupe et vue extérieure. — Grandeur naturelle.)

CHAPITRE IX

La figure 141 représente le câble transatlantique après toutes les opérations que nous venons de décrire. Sa longueur totale était de 4 000 kilomètres. Le trajet à franchir était de 3 100 kilomètres, il laissait une limite de 33 pour 100 de perte pour les opérations de l'immersion. Il pesait dans l'eau, 440 kilogrammes par kilomètre, et dans l'air 634 kilogrammes ainsi répartis :

Fil de cuivre	26	kilog.
Gutta-percha	64	
Cordes de chanvre	63	
Armature de fer	475	
Goudron et poix	6	
	634	

Il pesait, en totalité, près de 500 tonneaux et avait coûté à la compagnie environ 5 millions. Dans les épreuves de tension, il avait supporté 4 000 kilogrammes ; on en conclut qu'il pourrait se tenir dans la mer sur une hauteur de 10 kilomètres, c'est-à-dire supporter sur son unité de superficie, un effort égal à 10 kilomètres de son propre poids dans l'eau. Comme les plus grandes profondeurs trouvées sur la ligne des sondages n'allaient pas au delà de 3 500 mètres, la résistance semblait suffisante.

Une fois terminé, le câble atlantique fut enroulé sur lui-même au fond de grandes caisses pleine d'eau pour y attendre le moment de l'embarquer dans la cale du navire.

Restait une autre question difficile : le moyen de transport.

CHAPITRE X

TENTATIVE FAITE EN 1857 POUR L'IMMERSION DU CÂBLE TRANSATLANTIQUE, PAR LA FRÉGATE AMÉRICAINE LE NIAGARA ET LA FRÉGATE ANGLAISE L'AGAMEMNON.

Il n'y avait qu'un seul navire au monde qui pût contenir dans ses flancs la masse gigantesque du câble atlantique ; c'était le *Great-Eastern*, alors nouvellement construit, et qui s'appelait le *Léviathan*. Mais à cette époque, il n'avait encore été éprouvé par aucune traversée, et lui confier l'opération de la pose du câble atlantique c'était compromettre les intérêts de deux compagnies et s'exposer à perdre le fruit d'une entreprise aussi importante. Comme on ne pouvait embarquer la totalité du câble sur un seul navire, on décida de le partager entre deux vaisseaux appartenant à chacune des nations intéressées.

Le *Niagara*, la plus grande frégate à hélice qui eût encore été construite aux États-Unis, était une des douze frégates à vapeur qui avaient été commandées par le Congrès pour répondre à l'accroissement considérable qu'avaient pris, peu d'années auparavant, les constructions navales de la France et de la Grande-Bretagne. Le *Niagara* était, au dire des Américains, un admirable voilier, il tenait parfaitement la mer, et présentait toutes les qualités voulues pour le combat. Sa vitesse moyenne était de neuf nœuds. C'était le plus vaste bâtiment de la flotte américaine, et le plus grand des vaisseaux de guerre, sans en excepter même les vaisseaux anglais. Il jaugeait 5 200 tonneaux ; sa longueur totale était d'environ 122 mètres, sa profondeur de cale de 10^{m},557.

Une seconde frégate, *la Susquehanna*, fut expédiée par le gouvernement des États-Unis, pour aider le *Niagara* dans l'accomplissement de son œuvre.

L'*Agamemnon* était une frégate anglaise qui avait figuré dans la guerre d'Orient. Elle jaugeait 3 200 tonneaux, et fut gréée à neuf pour ce service. Ses mâts et ses gros cordages furent renouvelés.

Deux autres frégates de la marine britannique, le *Léopard* et le *Cyclope*, devaient concourir avec l'*Agamemnon* au déroulement des 2 000 kilomètres de câble dont le premier navire était porteur.

L'escadrille destinée à l'accomplissement de cet imposant travail, était, en résumé, composée de cinq navires : le *Niagara*, l'*Agamemnon*, la *Susquehanna*, le *Léopard* et le *Cyclope*. Ce dernier navire était celui qui avait exécuté les sondages du lit de l'Océan sous le commandement du lieutenant Daymann en 1857.

L'*Agamemnon* ayant sa machine à l'arrière présentait de grandes facilités pour l'aménagement du câble. On avait dans ce but, réservé en son milieu une cale de 45 pieds carrés et de 25 pieds de profondeur depuis la ligne de flottaison jusqu'à la quille. Cette frégate se rendit donc à Greenwich, et le câble atlantique fut *lové* c'est-à-dire enroulé dans sa cale, autour d'une poutre centrale.

Le *Niagara*, mal disposé pour recevoir une telle charge, subit, à Portsmouth, les modifications jugées nécessaires ; et le 22 juin il se rendit à Liverpool dans la Mersey. Au bout de trois semaines il en partit avec sa charge de câble à fond de cale.

Le port de Cork, en Irlande, fut choisi comme rendez-vous, pour y faire tous les derniers arrangements. Les vaisseaux devaient partir de là pour parfaire leur tâche, pilotés par la frégate américaine *la Susquehanna*, et par le *Léopard*, de la marine britannique, tous deux vapeurs à roues d'une grande puissance.

Sur la côte occidentale de l'Irlande, dans le comté de Kerry, existe une île d'une lieue de long sur deux lieues de large, et sur le bord occidental de cette île s'étend la petite ville de Valentia, le port le plus à l'ouest de l'Europe.

Fig. 138. — Vue du port de l'île de Valentia, sur la côte d'Irlande, point de départ du câble transatlantique.

Valentia est située à l'entrée de la baie de Dingle, au sud-ouest de l'Irlande ; on y montre deux forts construits, dit-on, par Cromwell. Les *Skelligs*, deux pointes de rochers pittoresques, percent la surface de la mer, à environ trois lieues sud-ouest du port ; l'un de ces écueils, le *grand Skellig*, est surmonté d'un phare d'une élévation excessive.

Il fut décidé que le *Niagara* atterrirait le câble à l'extrémité du port de Valentia et le filerait jusqu'à l'épuisement de sa cargaison. Alors l'*Agamemnon* devait souder, en plein Océan, le bout de l'autre moitié du câble qu'il portait à la portion déjà immergée, et commencer à dérouler cette seconde moitié jusqu'à Terre-Neuve.

On choisit les mois de juin et de juillet pour cette opération. En effet, d'après les observations du commandant Maury, les chances de tempêtes étaient presque nulles pendant ces deux mois. M. Maury précisait davantage en disant que du 20 juillet au 10 août, la mer et l'atmosphère étaient des plus favorables à l'opération. En effet, les relevés météorologiques prouvaient que, depuis cinquante ans, aucun grand orage n'avait eu lieu ni sur les côtes d'Amérique ni sur les côtes d'Irlande pendant cette époque.

Malheureusement, le câble n'était pas parfait. La division du travail entre deux manufactures éloignées, avait rendu impossible l'uniformité de fabrication, et ôté toute responsabilité individuelle. Le fait est qu'une moitié se trouva tressée de gauche à droite, et l'autre de droite à gauche.

Avant de confier le câble aux deux bâtiments chargés d'en opérer l'immersion, on jugea indispensable de s'assurer de son bon état, de sa parfaite conservation, et en même temps de constater, une fois de plus, par avance, que l'électricité se transmettait à travers son immense étendue. On mit donc l'une de ses extrémités en communication avec une puissante pile voltaïque, l'autre extrémité avec un galvanomètre très-sensible, et l'on ferma le circuit : le galvanomètre dévia tout aussitôt.

Ainsi la conductibilité et l'isolement du câble ne laissaient rien à désirer, et il était établi que l'électricité franchirait sans obstacle toute l'étendue qui sépare l'Amérique de l'ancien monde.

Mesurée au magnéto-électromètre de M. Whitehouse, l'action électrique, exercée à la seconde extrémité du câble, était représentée par l'attraction ou le soulèvement d'un poids de 1 gramme 625 : et comme il suffit d'une attraction de 0^{gr},2 pour produire un signal intelligible sur l'appareil récepteur, il fut démontré par là que, même après avoir parcouru cette immense longueur, le courant aurait beaucoup plus d'intensité qu'il n'est nécessaire pour une correspondance télégraphique.

Ayant constaté, de cette manière, l'excellente conductibilité de cet immense fil télégraphique, et pour continuer le même genre d'essais, on mit, le lendemain, les deux câbles en communication avec la terre par une de leurs extrémités, les deux autres extrémités étant unies, l'une à un manipulateur, l'autre à un récepteur, et l'on fit passer des signaux, comme sur une ligne télégraphique ordinaire. On remarqua alors qu'il fallait un certain temps, un temps même relativement assez long (une seconde trois quarts) pour que le courant arrivât d'une extrémité à l'autre. Mais on s'assura bientôt que l'on pourrait envoyer trois signaux parfaitement intelligibles en deux secondes, ce qui suffit certainement dans la pratique, ou pour les besoins d'une correspondance journalière et régulière.

On croyait avoir réuni toutes les précautions nécessaires pour assurer la réussite de cette opération merveilleuse, et l'on se flattait d'avoir tout prévu. Mais l'expérience seule nous apprend à prévoir, et l'expérience est souvent chère et cruelle ! C'est ce qui devait arriver.

Tous les valeureux auteurs de cette entreprise mémorable, tous ceux qui, depuis si longtemps, s'étaient fatigué l'esprit et le cœur par une anxiété continuelle, qui n'avaient été arrêtés par aucun obstacle, ni découragés par aucun échec, qui avaient espéré alors que l'espérance semblait présomption, et que le doute seul semblait être la sagesse, tous ces hommes, en voyant leur œuvre parvenue à ce point, sentirent qu'elle ne leur appartenait plus. Ils en remirent la fin entre les mains de Dieu, ne pouvant plus faire autre chose que lui souhaiter une heureuse issue.

Le 29 juillet 1857, le *Niagara* accompagné de la *Susquehanna*, arriva à Qu'enestown (Irlande), où il avait été précédé par l'*Agamemnon*, le *Léopard* et le *Cyclope*. Le lord lieutenant d'Irlande, lord Carlisle, désireux d'encourager par sa présence, les acteurs de ce grand drame maritime, les héros de cette véritable bataille de la science contre les éléments et les préjugés, se rendit de Dublin à Valentia. Il prit part à un déjeuner offert par le chevalier de Kerry, pour célébrer un événement où de si grands intérêts étaient en jeu. Les gens du pays, accourus dans le port, témoignaient leur enthousiasme par des danses et des feux de joie.

Lord Carlisle prononça à cette occasion, un éloquent discours. Il dit que quand même un échec se produirait, ce serait un crime que de se laisser aller au découragement, car le sentier qui conduit aux grandes œuvres, est tracé au milieu de difficultés et de périls de tous genres. « Echouer une première fois, disait lord Carlisle, c'est la loi et la condition du succès final ! »

Ces paroles du lord lieutenant d'Irlande étaient prophétiques.

Le 5 août 1857, l'extrémité du câble fut amenée à terre, pour être fixée dans la station télégraphique qui avait été construite sur les falaises de Valentia. Il fut hissé à cette hauteur, au milieu de l'enthousiasme général.

La flottille mit à la voile dans la soirée du jeudi 7 août, et le *Niagara* commença la pose.

Nous ne donnerons pas ici la description de l'appareil de dévidement employé sur l'*Agamemnon*, parce que cet appareil sera décrit plus loin, à propos de la pose du câble atlantique de 1865.

On avait à peine déroulé 10 kilomètres de câble, qu'il s'entortilla dans la machinerie de dévidement, et se brisa. Cet accident venait de la négligence d'un des hommes chargés de surveiller sa sortie de la cale.

Tout aussitôt, les embarcations des navires se rendirent près de la côte, et on s'occupa à retirer de la mer la partie immergée, qui fut soudée, dans la même journée, à la portion restée à bord du Niagara. Cette soudure exécutée, et le câble présentant toute la solidité qu'il avait avant l'accident, l'escadrille reprit sa route et l'on recommença à déposer le conducteur au fond de la mer.

Le mardi 12 août, se produisit le regrettable accident de la rupture de ce câble. L'escadrille se trouvait déjà à la distance de 420 à 450 kilomètres de Valentia. Il était 4 heures de l'après-midi, la mer était forte, le vent soufflait du sud, et le navire filait de 3 à 4 nœuds. Mais le câble déviait beaucoup. Entraîné par un courant sous-marin dont on ne soupçonnait pas l'existence, il se déroulait à raison de 6 et même de 7 nœuds, c'est-à-dire avec une vitesse hors de proportion avec celle du bâtiment. Le mécanicien, chargé de surveiller le dévidement, jugeant la dépense trop considérable, avait cru devoir serrer le frein, dans un moment où l'arrière du bâtiment plongeait ; mais le tangage faisant subitement relever la poupe, le câble se rompit au-dessous de la dernière poulie.

Le navire était alors à 508 kilomètres de l'Irlande, avec un fond d'eau de 3 240 mètres, et il filait de trois à quatre nœuds. Déjà 514 kilomètres de câble avaient été immergés. Il était évident, pour les officiers de marine et les ingénieurs, que l'on ne pouvait pas renouveler la tentative avec 2 972 kilomètres de câble à bord, c'est-à-dire avec un excédant de 12 pour 100 seulement sur le trajet total. On renonça donc à poursuivre l'entreprise, et l'on revint en Angleterre.

CHAPITRE XI

DEUXIÈME EXPÉDITION TRANSATLANTIQUE EN 1858. — SUCCÈS DES OPÉRATIONS.

Personne, pourtant, ne se sentait découragé. M. Cyrus Field, décidé à reprendre sans retard son œuvre, commanda à MM. Glass et Elliott une nouvelle longueur de 1 448 kilomètres de câble, ce qui, avec les 85 kilomètres de câble côtier relevé, donnait 4 500 kilomètres de longueur, avec environ 40 pour 100 d'excédant.

La partie du câble, qui restait à bord du Niagara, fut débarquée et l'on procéda à quelques essais, pour en constater le bon état. L'exposition permanente à la chaleur, le peu de précautions prises pour le rouler et le dérouler, avaient eu pour résultat de l'endommager en plusieurs parties ; le cuivre avait même percé la gutta-percha. On fit les réparations nécessaires, mais l'isolement électrique laissait toujours beaucoup à désirer.

L'appareil de dévidage fut également perfectionné.

La compagnie demanda et obtint de nouveau, le secours du navire anglais, l'*Agamemnon* et de la frégate américaine *le Niagara*. Il fut seulement décidé qu'au lieu de dévider le câble en partant de la côte d'Irlande, les deux navires se rendraient au milieu de la route, formeraient, en plein Océan, une *épissure* (soudure) entre les deux portions, et partiraient en sens inverse, l'un pour l'Irlande, l'autre pour Terre-Neuve.

C'est le jeudi 10 juin 1858, que commença cette seconde expédition. L'*Agamemnon* et le *Niagara*, après avoir fait dans le canal, quelques expériences, quittaient ce jour-là le port de Plymouth, chargés chacun de la moitié du câble atlantique, et accompagnés de deux navires à vapeur, le *Valorous* et le *Gorgon* qui devaient leur venir en aide dans les opérations à exécuter.

Dès son départ, la flottille eut à lutter contre un temps et des vents contraires, qui durèrent sept jours sans interruption.

Cependant, le 26 juin, l'*Agamemnon*, après avoir été seize jours en danger, arrivait au rendez-vous, c'est-à-dire la moitié de la distance, dans l'Océan, entre l'Amérique et l'Irlande, et il se préparait à poser le câble.

La soudure des deux bouts fut exécutée, et chacun des deux bâtiments prit sa route, l'un vers l'Amérique, l'autre vers l'Irlande, déroulant le fil conducteur et le laissant tomber à la mer, avec toutes les précautions nécessaires.

Le *Niagara* avait à peine déroulé une longueur d'une lieue de câble, qu'un accident détermina sa rupture.

Les deux steamers se rejoignent, pour exécuter une nouvelle soudure des deux bouts du câble, et l'immersion est reprise. Tout va bien pendant le déroulement de 15 lieues de fil par chaque bâtiment ; mais on s'aperçoit alors que le courant électrique n'est plus transmis par le câble d'un bâtiment à l'autre, ce qui dénote un accident.

En effet, le câble s'était rompu au fond de l'eau, par une cause inconnue. Les deux bâtiments se rejoignirent donc une troisième fois, pour pratiquer une nouvelle *épissure*. On recommença alors l'immersion.

Tout marchait à souhait et le succès semblait probable, car 56 lieues de câble avaient été déroulées sans le plus petit accident, par le *Niagara*, lorsque le 29 juin, à 9 heures du soir, retentit, comme un coup de foudre, la fatale nouvelle que le courant électrique ne passe plus entre les deux bâtiments : le câble s'était une troisième fois brisé au fond de l'eau.

Il avait été convenu, quand les deux bâtiments s'étaient séparés, que dans le cas où un troisième accident aurait lieu, si la rupture arrivait avant qu'ils se fussent éloignés de 40 lieues, ils reviendraient au point de départ, au milieu de l'Atlantique ; mais que si le câble se brisait à plus de 40 lieues de distance, ils reviendraient tous en Irlande, dans le port de Queenstown.

Comme le *Niagara* avait débité plus de 50 lieues de câble, il se trouvait dans la seconde hypothèse prévue ; il retourna donc dans le port d'Irlande. De son côté, l'*Agamemnon* y rentrait quelque temps après, ayant compris, par l'interruption du courant à son bord, l'événement qui s'était produit.

Cette tentative échouée avait coûté la perte d'environ 190 lieues de fil conducteur. Cependant l'entreprise ne pouvait être abandonnée, car il restait à bord des deux bâtiments et dans les ateliers où il avait été fabriqué, une quantité bien suffisante de câble pour reprendre l'opération et la mener à bien. Après un certain temps nécessité par les nouveaux préparatifs à faire, l'escadrille se prépara donc à recommencer l'opération.

Le 27 juillet 1858, l'*Agamemnon* et le *Niagara* se réunissaient de nouveau au milieu de la distance qui sépare l'Amérique de l'Irlande. Le 29 juillet, les deux bouts du câble furent réunis par une soudure, à bord du *Niagara*, et l'opération de l'immersion commençait sous les plus favorables auspices. *L'Agamemnon*, et son escorte de bateaux à vapeur, se dirigeaient vers Valentia en Irlande, le Niagara voguait vers Terre-Neuve.

Pour donner une idée exacte des différentes péripéties que présenta, en 1858, la grande opération de la pose du câble atlantique, par les deux navires chargés de ce travail, nous reproduirons une relation qui fut publiée, à cette époque, dans le *Times*, par un des correspondants de ce journal, embarqué sur l'*Agamemnon*.

« Le *Niagara*, écrit ce témoin oculaire, était arrivé au rendez-vous le vendredi 23, le *Valorous* le dimanche 25, le *Gorgon* le mardi 27. Le temps était beau et d'un calme parfait ; on se mit donc à attacher ensemble les deux bouts du câble sans perdre de temps. On fit passer l'extrémité du câble du *Niagara* sur l'*Agamemnon*.

« Vers midi, la soudure était faite ; elle portait une masse de plomb destinée à servir de poids. Le plomb se détacha et tomba à l'eau au moment où on allait jeter le câble à la mer. On ne trouva sous la main qu'un boulet de 32 qu'on fixa au point de jonction des deux bouts du câble, et tout l'appareil fut lancé à la mer, sans autre formalité et même sans attirer l'attention, car ceux qui étaient à bord avaient trop souvent assisté à cette opération pour avoir grande confiance dans son succès final. On laissa couler 210 brasses de câble, afin que la soudure se trouvât suffisamment au-dessous du niveau de l'eau, puis on donna le signal du départ, et le *Niagara* et l'*Agamemnon* partirent en sens inverse. Pendant les trois premières heures, les bâtiments marchèrent très-lentement et déroulèrent une grande longueur de câble ; ensuite, la marche de l'*Agamemnon* alla en augmentant de vitesse jusqu'à ce qu'elle eût atteint 5 nœuds. Le câble se dévidait à raison de 6 nœuds ; il ne marquait sur le dynamomètre qu'une tension de quelques centaines de livres.

« Un peu après 6 heures, on vit une très-grande baleine s'approcher rapidement du navire ; elle battait la mer et faisait voler l'écume autour d'elle. Pour la première fois, il nous vint à l'idée que la rupture du câble, lors de la dernière tentative, pouvait bien être le fait de l'un de ces animaux. La baleine se dirigea pendant quelque temps droit sur le câble, et nous ne fûmes tranquillisés qu'en voyant le monstre marin passer lentement à l'arrière ; il rasa le câble à l'endroit où il plongeait dans l'eau, mais sans lui causer aucun dommage.

« Tout alla bien jusqu'à 8 heures ; le câble se déroulait avec une régularité parfaite, et, pour prévenir tout accident, on veillait avec soin à ce que le dynamomètre ne marquât pas une pression de plus de 1 700 livres, ce qui n'était pas le quart du poids que pouvait porter le câble. Un peu après 8 heures, on découvrit une avarie dans le câble enroulé sur le pont. M. Canning, l'ingénieur en service, n'avait pas à perdre un instant, car le câble se déroulait si rapidement que la portion endommagée devait sortir du vaisseau dans l'espace d'environ 20 minutes, et l'expérience avait montré qu'il était impossible d'arrêter le câble ou même le navire sans courir le risque de voir tout l'appareil se briser. Juste au moment où les réparations allaient être terminées, le professeur Thomson annonça que le courant électrique avait cessé, mais que l'isolement était encore complet. On supposa naturellement que c'était le morceau de câble détérioré qui interrompait le courant, et on le coupa aussitôt pour le remplacer par une soudure.

« À la consternation générale, l'électromètre prouva que l'interruption se manifestait sur un point du câble qui était déjà dans l'eau à environ 20 lieues du bâtiment. Il n'y avait pas une seconde à perdre, car il était évident que la portion du câble qu'on avait coupée allait dans quelques instants se trouver déroulée et jetée à la mer, et dans ces quelques instants il fallait faire une soudure, opération longue et difficile. On arrêta le navire sur-le-champ, et on ralentit la marche du câble autant que cela se pouvait faire sans danger. À ce moment, l'aspect que présentait le bâtiment était très-extraordinaire. Il paraissait impossible, même avec la plus grande diligence, de finir le travail à temps.

« Tout le monde à bord était rassemblé dans l'entre-pont, autour du câble enroulé, et le surveillait avec la plus grande anxiété, à mesure qu'une toise après l'autre descendait à la mer et rapprochait de plus en plus le moment où les ouvriers verraient le morceau sur lequel ils travaillaient leur échapper des mains. Dirigés par M. Canning, ils se dépêchaient comme des hommes qui comprennent que la vie ou la mort de l'entreprise dépendait d'eux. Néanmoins, tous leurs efforts furent inutiles et on dut avoir recours à la dernière ressource, celle d'arrêter le câble, auquel le vaisseau resta pendant quelques minutes comme suspendu. Heureusement ce ne fut que l'affaire d'un instant, car la tension augmentait continuellement et ne pouvait tarder à produire une rupture.

« Lorsque la soudure fut terminée et que l'on put recommencer à laisser le câble se dérouler, l'émotion produite par le danger que l'on avait couru s'apaisa peu à peu. Mais le courant électrique n'était pas encore rétabli. On résolut donc de dérouler le câble aussi lentement que possible et d'attendre six heures avant de considérer l'opération comme tout à fait manquée, afin de voir si l'interruption du courant ne cesserait pas d'elle-même. On regardait les aiguilles avec la plus grande anxiété, et lorsqu'on les vit tout à coup ne plus indiquer le moindre courant, on crut que le câble était rompu ou que l'isolement était détruit.

« On fut donc agréablement surpris lorsque, trois minutes plus tard, l'interruption disparut et que les signaux du Niagara arrivèrent par intervalles réguliers. Ce fut une grande joie pour tout le monde ; mais la confiance générale dans le succès de l'entreprise était ébranlée, parce que l'on comprenait qu'un semblable accident pouvait se renouveler à chaque instant.

« Vendredi 30 tout alla bien. Le bâtiment filait 5 nœuds et le câble 6. L'angle qu'il faisait avec l'horizon, en sortant du vaisseau était de 15 degrés et le dynamomètre marquait une tension de 1 600 à

1 700 livres.

« À midi, nous étions à 35 lieues du point de départ et nous avions déroulé 50 lieues de câble. Vers le soir, le vent souffla avec assez de violence, et on descendit sur le pont les vergues, les voiles, enfin tout ce qui pouvait offrir quelque prise au vent. Le bâtiment toutefois ne pouvait avancer que très-difficilement, à cause des vagues et du vent qui lui était contraire ; en même temps, l'énorme quantité de charbon que l'on consommait semblait indiquer que l'on serait obligé de brûler les mâts pour arriver jusqu'à Valentia. Le lendemain, le vent était plus favorable et on put épargner un peu de combustible. Samedi, dans l'après-midi, la brise fraîchit encore, et vers la nuit la mer était devenue tellement grosse, qu'il semblait que le câble ne pourrait tenir.

« On fut obligé de surveiller avec la plus grande attention la machine servant à le dérouler, car un seul moment d'arrêt, alors que le vaisseau était soulevé par les vagues pour retomber ensuite, aurait suffi pour causer un accident. M. Hoar et M. Moore, les deux ingénieurs chargés du dynamomètre, veillaient alternativement pendant quatre heures. Néanmoins, le câble, qui n'était qu'un simple fil à côté des vagues énormes dans lesquelles il plongeait, continuait à tenir bon et s'enfonçait dans la mer en ne laissant derrière lui qu'une ligne phosphorescente.

« Dimanche, le temps était toujours aussi mauvais : de gros nuages couvraient le ciel, et le vent continuait à balayer la mer. À midi, nous étions à 52 degrés de latitude nord, et 23 degrés de longitude ouest, ayant fait 45 lieues depuis la veille, et 130 lieues depuis notre point de départ. Nous avions passé le point où la profondeur est la plus grande ; elle est en cet endroit de 3 898 mètres.

« Lundi, la mer n'était pas meilleure, et ce n'est que grâce aux efforts infatigables de l'ingénieur, qu'on empêcha la machine de s'arrêter à mesure que le bâtiment était soulevé par les vagues. Une ou deux fois elle s'arrêta réellement, mais heureusement elle reprit son mouvement à temps.

« Il était naturellement impossible d'arrêter le câble, et, bien que le dynamomètre marquât de temps en temps 1 700 livres, il était le plus souvent au-dessous de 1 000, et quelquefois il marquait zéro, et le câble coulait alors avec toute la vitesse que lui imprimait son propre poids et la marche du navire. Cette vitesse n'a jamais dépassé 8 nœuds à l'heure, le vaisseau filant 6 nœuds et demi. En moyenne, la vitesse du bâtiment était de 5 nœuds et demi, et celle du câble en général de 30 pour 100 plus grande. Lundi, 2 août, à midi, nous étions à 52 degrés de latitude nord et à 19 degrés 48 minutes de longitude ouest, ayant parcouru 48 lieues depuis la veille et ayant accompli plus de la moitié de notre voyage.

« Dans l'après-midi, nous vîmes à l'est un trois-mâts américain, *Chieftain*. D'abord on ne fit pas attention à lui ; mais tout à coup il changea de direction et vint droit sur nous. Une collision devenait imminente et aurait été fatale au câble. Il était également dangereux de changer la course de l'*Agamemnon*. Le *Valorous* alla en avant et tira un coup de canon ; l'*Agamemnon* en tira un second et le *Valorous* deux autres, sans pouvoir faire changer de direction au trois-mâts. L'*Agamemnon* n'eut que le temps de changer la sienne pour éviter le bâtiment qui passa à quelques yards de nous. Son équipage et ceux qui étaient à bord ne comprenaient évidemment rien à notre manière d'agir, car ils accoururent sur le pont pour nous voir passer. À la fin ils découvrirent qui nous étions ; ils montèrent sur les vergues, et, agitant plusieurs fois leur drapeau, ils poussèrent trois hourras en notre honneur.

Fig. 142. — L'*Agamemnon* posant le câble atlantique (2 août 1858).

« L'*Agamemnon* fut obligé de reconnaître ces compliments en bonne forme, quoique nous fussions de fort mauvaise humeur en songeant que l'ignorance ou la négligence de ceux qui dirigeaient ce bâtiment aurait pu occasionner un accident fatal.

« Mardi matin, vers 3 heures, tout le monde à bord fut réveillé par le bruit du canon. On crut que c'était le signal de la rupture du câble. Mais, en montant sur le pont, on aperçut le *Valorous* déchargeant rapidement son artillerie sur une barque américaine qui était juste au beau milieu de notre chemin. Des remontrances aussi sérieuses de la part d'une grande frégate ne pouvaient être méprisées ; aussi la barque s'arrêta-t-elle tout court, mais évidemment sans y rien comprendre. Son équipage nous prit peut-être pour des flibustiers, ou bien il crut être la victime d'un nouvel outrage britannique contre le drapeau américain. Ce qui est certain, c'est que la barque resta immobile jusqu'à ce que nous la perdîmes de vue à l'horizon.

« Mardi il fit plus beau que les jours précédents. La mer toutefois était encore assez forte. Mais déjà on pouvait prévoir le succès définitif de l'expédition. Nous étions à 16 degrés de longitude ouest, ayant fait 50 lieues depuis la veille. Vers 5 heures du soir, nous étions arrivés à la montagne sous-marine qui sépare le plateau télégraphique de la côte d'Irlande, et l'eau devenant toujours plus basse, la tension du câble diminuait aussi constamment. On en déroula une grande longueur pour le cas où il se trouverait dans le fond des inégalités que l'on n'aurait pas découvertes avec la sonde.

« Mercredi, le temps était magnifique. À midi, nous étions à 33 lieues de la station télégraphique de Valentia. Vers minuit on aperçut les lumières de la côte, et, jeudi matin, les rochers élevés qui donnent un aspect aussi sauvage que pittoresque aux environs de Valentia se présentèrent à nos yeux, à quelques milles de distance. Jamais peut-être navigateurs n'ont accueilli la vue de la terre avec autant de joie, puisqu'elle constatait la réussite d'un des projets les plus grands, mais en même temps les plus difficiles qui aient jamais été conçus. Comme on ne paraissait pas se douter de notre arrivée, le *Valorous* alla en avant et tira un coup de canon. Aussitôt les habitants se portèrent sur une foule d'embarcations à notre rencontre. Bientôt après on reçut un signal du *Niagara* indiquant que lui aussi était arrivé à la terre. Il avait coulé 386 lieues de câble, et l'*Agamemnon* 383 lieues, ce qui donna pour toute la longueur du câble immergé 770 lieues ou 2 050 milles géographiques. Le bout du câble fut amené â terre par MM. Bright et Canning, auxquels on est redevable du succès de l'entreprise ; il fut placé dans une tranchée creusée pour le recevoir, et les salves de l'artillerie annoncèrent que la communication entre l'ancien et le nouveau monde était complète. »

Après le récit du correspondant du *Times*, racontant le voyage de l'*Agamemnon*, nous rapporterons quelques extraits du *journal* dans lequel M. Cyrus Field, embarqué sur le *Niagara* consignait, heure par heure, les incidents de l'immersion du câble sous-marin. On aura ainsi le tableau complet de l'expédition de 1858.

Ce qui frappe dans la lecture du journal du voyage du *Niagara*, c'est le concours de circonstances vraiment providentielles qui détermina le succès de l'entreprise. Grâce à un temps d'une sérénité et d'un calme inaltérables, le *Niagara* ne mit que 6 jours et demi à franchir la distance entre son point de départ et Terre-Neuve. La distance parcourue dans cet intervalle fut de 330 lieues, et la longueur du câble dévidé de 386 lieues. Or, si l'on réfléchit que le Niagara avait à peine à bord une totalité de 415 lieues de câble, on comprendra aisément les conséquences désastreuses qu'aurait amenées pour l'opération la moindre bourrasque qui aurait produit une déviation de la ligne droite. Aussi, peut-on dire qu'une protection providentielle présida au succès de cette entreprise.

Voici donc le résumé du journal tenu par M. Cyrus Field, à bord du *Niagara*.

« *Samedi, 17 juillet*. — Ce matin, la flottille télégraphique est partie de Queenstown (Irlande) composée comme il suit : le *Valorous* et le *Gorgon*, à 11 heures du matin ; le *Niagara* à 7 heures 1/2 du soir, et l'*Agamemnon* quelques heures plus tard. Chaque steamer devait user le moins possible de charbon jusqu'à l'arrivée au lieu de rendez-vous.

Dimanche, 18 juillet. — Le *Niagara* double le cap Clean dans la matinée. Atmosphère lourde et nuageuse, rafales.

Lundi, 19 juillet. — Atmosphère brumeuse, nuages et pluie.

Mardi, 20 juillet. — Atmosphère nuageuse, rafales.

Vendredi, 23 juillet. — Le *Niagara*, arrivé à 8 heures du soir au rendez-vous latitude 52° 5′, longitude 32° 4′.

Samedi, 24 juillet. — Vent O.-N.-O. ; atmosphère brumeuse et nuageuse ; rafales.

Dimanche, 25 juillet. — Le *Valorous* arrive au rendez-vous à 4 heures du matin ; atmosphère brumeuse et nuageuse. Le capitaine Oldhmam, du *Valorous*, vient à bord du *Niagara*.

Mardi, 27 juillet. — Temps calme ; atmosphère brumeuse. Le *Gorgon* arrive au rendez-vous à 5 heures du soir.

Mercredi, 28 juillet. — Léger vent N.-N.-O. ; ciel bleu et atmosphère brumeuse. L'*Agamemnon*arrive au rendez-vous à 5 heures du soir.

Fig. 143. — Soudure des deux bouts de chaque moitié du câble atlantique, exécutée, au milieu de l'Océan, à bord du Niagara, le 29 juillet 1858.

Jeudi, 29 juillet. — Latitude 52° 59′ N., longitude 32° 27′ O. Tous les bâtiments de la flottille sont en vue les uns des autres. Mer calme ; léger vent du S.-E. au S.-S.-E. ; temps nuageux. La soudure du câble se fait à une heure de l'après-midi. Les signaux sur toute la longueur du câble à bord des deux navires se font parfaitement. Profondeur de l'eau 2 835 mètres. Distance jusqu'à l'entrée du havre de Valentia 1 505 kilomètres ; de ce point à la station télégraphique, le fil est déjà posé. Distance jusqu'à l'entrée de Trinity-Bay, Terre-Neuve, 1 522 kilomètres, et de ce point à la station télégraphique, pointe de la baie de Bull's-Arm, 111 kilomètres faisant ensemble 1 633 kilomètres. Le*Niagara* a 128 kilomètres de plus à parcourir que l'*Agamemnon*. Le *Niagara* et l'*Agamemnon* ont chacun 2 037 kilomètres de câble à bord, à peu près la même quantité que l'année dernière. À 7 heures 3/4 du soir, heure du navire, ou 10 heures 5 minutes du soir, temps de Greenwich, les signaux de l'*Agamemnon* cessent, les expériences des opérateurs démontrent qu'il y a manque de continuité, mais que l'isolement est parfait. Dévidage très-lent du câble à bord du *Niagara*, en ayant continuellement recours aux expériences électriques, jusqu'à 6 heures du soir, heure du navire, moment où nous recommençons à recevoir les signaux de l'*Agamemnon*.

Vendredi, 30 juillet. — Latitude 51° 59′ N., longitude 34° 49′ O. Distance parcourue pendant les dernières 23 heures : 165 kilomètres. Dévidé 243 kilomètres de câble, soit 78 kilomètres de plus que la distance parcourue, égalant 48 pour 100. Profondeur de l'eau variant de 1 550 à 1 975 brasses. Vent du S.-E.-S.-O. Temps gros et pluvieux. Le *Gorgon* est en vue. À 3 heures 50 minutes du matin, finit le dévidage du pont principal, et commence celui du câble déposé sur le second pont ; 1 365 kilomètres nous séparent de la station télégraphique de la baie de Bull's-Arm, Trinity-Bay. À 2 heures 21 minutes de l'après-midi, reçu de l'*Agamemnon* un signal nous apprenant qu'il a dévidé 278 kilomètres de câble. À 2 heures 34 minutes, le *Niagara* a immergé de son côté 278 kilomètres de fil.

Samedi, 31 juillet. — Latitude 51° 5′ N., longitude 38°, 14′ O. Distance parcourue pendant les dernières 24 heures 253 kilomètres. Dévidé 294 kilomètres de câble, soit un surplus de 41 kilomètres sur la distance parcourue, égalant 13 pour 100 ; et depuis 6 heures du matin N.-O. Profondeur de l'eau : 1 657 à 2 250 brasses. Vent modéré, S.-O. par N. Temps nuageux ; petite pluie et un peu de mer. Le *Gorgon* est en vue. Total du câble immergé, 539 kilomètres. Distance parcourue, 419 kilomètres. Dévidé en sus de la distance parcourue 120 kilomètres ; soit 29 pour 100. Nous sommes à 1048 kilomètres de la station télégraphique. À 11 heures

4 minutes du matin, immergé du *Niagara*555 kilomètres du câble. À 2 heures 45 minutes de l'après-midi, reçu de l'*Agamemnon* un signal nous apprenant qu'il a immergé, lui aussi, 555 kilomètres de câble. À 5 heures 37 minutes de l'après-midi, fini le dévidage sur le second pont, et commencé l'opération sur le pont inférieur.

Dimanche, 1er août. — Latitude 50° 32′ N., longitude 41° 55′ O. ; distance parcourue pendant les dernières 24 heures : 268 kilomètres. Dévidé 303 kilomètres de câble, soit 35 kilomètres de plus que la distance parcourue, égalant 14 pour 100. Profondeur de l'eau, 1 924 brasses. Vent modéré et frais du N.-N.-E. au N.-E. Temps brumeux et nuageux. Mer grosse. Le *Gorgon* en vue.

À 3 heures 5 minutes de l'après-midi, terminé le dévidage sur le pont inférieur, et commencé l'opération sur la partie du câble déposée dans la cale.

Total du câble immergé : 844 kilomètres. Total de la distance parcourue : 687 kilomètres. Total du dévidage fait en sus de la distance parcourue : 157 kilomètres, soit 23 pour 100. Nous sommes à 946 kilomètres de la station télégraphique.

Lundi, 2 août. — Latitude 49° 52′ N. Longitude 45° 48′ O. Distance parcourue pendant les dernières 24 heures : 285 kilomètres. Dévidé 327 kilomètres de câble, ou 42 kilomètres en sus de la distance parcourue, égalant 15 pour 100. Profondeur de l'eau : de 1 600 à 2 385 brasses. Vent N.-O. Temps nuageux. Le *Niagara* s'allège et roule fortement ; mais on ne juge pas prudent de larguer les voiles pour affermir le navire, parce que, en cas d'accident, il importe de l'arrêter le plus vite possible.

À 7 heures du matin, nous voyons passer un des steamers de la ligne Cunard, allant de Boston à Liverpool.

Total du câble immergé : 1 172 kilomètres. Total de la distance parcourue : 972 kilomètres. Total du câble immergé en sus de la distance parcourue : 200 kilomètres, soit moins de 21 pour 100. Le *Niagara* est à 476 kilomètres de la station télégraphique.

À minuit et 38 minutes, heure du navire, soit 3 heures 38 minutes du matin, temps de Greenwich, un isolement imparfait du câble est découvert en transmettant et en recevant des signaux de l'*Agamemnon*. Cette situation continue jusqu'à 5 heures 40 minutes du matin, temps de Greenwich, moment où tout se retrouve de nouveau en ordre.

Mardi, 3 août. — Latitude 45° 17′ N., longitude 49° 23′ O. Distance parcourue pendant les dernières 24 heures : 272 kilomètres. Dévidé 298 kilomètres de câble, soit un surplus de 26 kilomètres, comparativement à la distance parcourue, égalant 10 pour 100. Profondeur de l'eau : de 742 à 827 brasses. Vent N.-N.-O. Temps vraiment beau. Le *Gorgon* est en vue.

Total du câble dévidé : 1 472 kilomètres. Total de la distance parcourue, 1 244 kilomètres. Total du surplus dévidé comparativement à la distance parcourue : 228 kilomètres, soit au-dessous de 19 pour 100. Nous sommes à 389 kilomètres de la station télégraphique.

À 8 heures 26 minutes du matin, nous sommes arrivés au bout du rouleau de la cale, et nous commençons le dévidage de celui de la cajute. À ce moment, nous avons encore à bord 648 kilomètres de câble.

À 11 heures 15 minutes du matin, heure du navire, l'*Agamemnon* nous transmet un signal nous apprenant qu'il a immergé jusqu'ici 1 259 kilomètres de câble. Pendant l'après-midi et la soirée, nous dépassons plusieurs montagnes de glace.

À 9 heures 10 minutes du soir, reçu de l'*Agamemnon* un signal nous apprenant qu'il trouve à la sonde 200 brasses d'eau.

À 10 heures 20 minutes du soir, nous trouvons également une profondeur de 200 brasses.

Mercredi, 4 août. — Latitude 48° 17′ N. ; longitude 52° 43′ O. Distance parcourue : 260 kilomètres. Câble immergé 185 kilomètres, soit 15 kilomètres en sus de la distance parcourue, égalant 6 pour 100. La profondeur de l'eau est au-dessous de 200 brasses. Temps magnifique et parfaitement calme. Le *Gorgon* est en vue.

Total du câble dévidé jusqu'à ce moment : 1 758 kilomètres. Total du câble dévidé en sus de la distance parcourue : 261 kilomètres, soit environ 16 pour 100. Nous sommes à 118 kilomètres de la station télégraphique.

À midi, nous recevons de l'*Agamemnon* des signaux nous apprenant qu'il a immergé 1 741 kilomètres de câble.

Dépassé ce matin plusieurs montagnes de glace.

Arrivés à l'entrée de Trinity-Bay à 8 heures du matin. Entrés dans Trinity-Bay à midi 30 minutes. À 2 heures 20 minutes, heure du navire, interrompu les signaux avec l'*Agamemnon*, à l'effet d'opérer une épissure. À 2 heures 40 minutes de l'après-midi, heure du navire, recommencé de nouveau à envoyer des signaux à l'*Agamemnon*. À 5 heures du soir, aperçu le steamer de S. M. *Porcupine*, venant sur nous. À 7 heures 30 minutes du soir, le capitaine Otter, du *Porcupine*, vient à bord du*Niagara*, pour nous piloter jusqu'à un ancrage, près de la station télégraphique.

Jeudi, 5 août. — À 1 heure 45 minutes du matin, le *Niagara* jette l'ancre. Distance parcourue depuis hier à midi : 118 kilomètres. Câble dévidé : 122, soit une perte de moins de 4 pour 100.

Total du câble dévidé depuis l'instant où l'épissure fut faite : 1 882 kilomètres. Total de la distance parcourue : 1 633 kilomètres. Total du câble dévidé en sus de la distance parcourue : 249 kilomètres ; soit un surplus d'environ 15 pour 100.

À 2 heures du matin, rendus à terre à bord d'un petit canot, et appris aux employés de la station télégraphique, située à 1 kilomètre du lieu du débarquement, que la flottille télégraphique était arrivée et que nous étions prêts à débarquer l'extrémité du câble.

À 2 heures 45 minutes du matin, reçu de l'*Agamemnon* un signal nous apprenant qu'il a immergé 1 870 kilomètres de câble.

À 5 heures 15 minutes du matin, le câble télégraphique est débarqué. À 6 heures du matin, l'extrémité du fil est transportée à la station, et un vigoureux courant électrique est transmis le long de tout le câble, à travers l'Atlantique. Le capitaine Hudson lit une prière et prononce quelques paroles au sujet de la réussite de l'entreprise. À 1 heure de l'après-midi, le steamer de S. M. *Gorgon* tire 21 coups de canon. Pendant tout le jour on est occupé à débarquer la cargaison appartenant à la compagnie télégraphique.

Vendredi, 6 août. — Reçu pendant toute la journée de vigoureux signaux électriques de la station télégraphique de Valentia.

Nous avons débarqué ici dans les bois. Le fluide électrique court librement sur toute la ligne. Il se passera encore quelques jours avant que tout soit en règle. Le premier message télégraphique entre l'Europe et l'Amérique sera une dépêche de la reine d'Angleterre au président des États-Unis, et le second la réponse de M.

Buchanan à Sa Majesté. »

Ainsi, la communication électrique était établie le 5 août 1858, entre l'Europe et l'Amérique. La station télégraphique avait été préparée dans la baie de la Trinité, près de la ville de Saint-Jean de Terre-Neuve. On se servit d'abord de courants électriques très-forts, et il fut reconnu qu'il était possible d'envoyer par minute 40 courants d'induction ; seulement on dut bientôt, sons peine de détruire le câble, diminuer l'intensité des courants.

Fig. 144. — Cyrus Field.

Le 18 août, on envoya d'Amérique en Europe deux phrases qui ne mirent que 35 minutes à parvenir. Voici le texte exact de cette dépêche expédiée par M. Cyrus Field :

Europe and America are united by telegraph communication. Glory to God in the highest, on earth peace, goodwill towards men. (L'Europe et l'Amérique sont unies par une communication télégraphique. Gloire à Dieu au plus haut des cieux, sur la terre paix et bienveillance envers les hommes.)

Le même jour, M. Cyrus Field transmettait l'annonce de ce grand événement au président des États-Unis, et la même nouvelle arrivait en France, au moment où l'empereur des Français et la reine d'Angleterre se trouvaient réunis à Cherbourg, pour des fêtes et des grandes manœuvres maritimes. Le président des États-Unis et la reine d'Angleterre, échangèrent, par le câble atlantique, deux messages télégraphiques, dont voici le texte exact :

LA REINE AU PRÉSIDENT.

« La reine désire féliciter le président de l'heureux achèvement de cette grande entreprise internationale à laquelle la reine a pris le plus vif intérêt. La reine est convaincue que le président partagera la sincère espérance qu'elle a que le câble électrique, qui maintenant unit la Grande-Bretagne aux États-Unis, sera un lien de plus entre les deux nations, dont l'amitié se fonde sur leurs communs intérêts et leur estime réciproque.

« La reine est charmée d'être ainsi en communication directe avec le président et de lui renouveler ses vœux les plus ardents pour la prospérité des États-Unis.[1] »

LE PRÉSIDENT À LA REINE.

Ville de Washington.

« À S. M. Victoria, reine de la Grande-Bretagne.

« Le président félicite cordialement à son tour S. M. la reine du succès de la grande entreprise nationale accomplie par le talent, la science et l'indomptable énergie des deux pays. C'est un triomphe d'autant plus glorieux qu'il est plus utile au genre humain que ceux qui ont jamais été obtenus par les conquérants sur le champ de bataille.

« Puisse, avec la bénédiction de Dieu, le télégraphe atlantique être à jamais un lien de paix et d'amitié entre les deux nations sœurs ! Puisse-t-il être un instrument destiné par la divine Providence à répandre par tout le monde la religion, la civilisation, la justice et la liberté ! Dans ce but, toutes les nations de la chrétienté ne déclareront-elles pas spontanément et d'un commun accord que le télégraphe électrique sera neutre à jamais, et qu'en passant aux endroits de leur destination, même au milieu des hostilités, il sera respecté et regardé comme chose sacrée ? »

1 Les cent mots de cette dépêche furent transmis, en 67 minutes.

« JAMES BUCHANAN. »

Ce grand événement fut célébré aux États-Unis, par toutes sortes de manifestations de la joie publique. M. Cyrus Field, qui avait pris une si large part à cette entreprise grandiose, fut promené en triomphe, durant seize heures, dans la ville de New-York, accompagné d'un cortège de vingt mille personnes, qui le conduisirent avec des flambeaux à sa demeure.

Fig. 145. — Vue de la station télégraphique de la baie de la Trinité à Terre-Neuve, point d'arrivée du câble atlantique, en 1858.

Dans les différentes villes de l'Union Américaine, des illuminations, des processions aux flambeaux, des salves d'artillerie, des manifestations de toute nature, célébrèrent le succès de cette admirable entreprise, dont le nouveau monde attendait, avec juste raison, d'incalculables conséquences. Pendant la fête de New-York, les illuminations mirent le feu à l'hôtel de ville ; la coupole et la toiture de cet édifice furent complétement détruites. Mais c'est à peine si l'on prit garde à cet accident, au milieu des élans de l'allégresse universelle.

On se préparait, en Angleterre, à célébrer la réussite d'une entreprise à laquelle ce grand pays est si vivement intéressé, lorsqu'un accident grave vint suspendre les élans de l'enthousiasme britannique, qui, pour avoir été plus lent à se produire, n'en était pas moins réel.[1]

1 L'article suivant du *Daily-News* donne une idée des projets gigantesques qui avaient été faits, en Angleterre à la suite de l'heureuse pose du câble transatlantique, et de l'importance que nos voisins y attachent au point de vue militaire.

« De Falmouth à Gibraltar, il n'y a pas 1 852 kilomètres de distance ; de Gibraltar à Malte, la distance est de 1 830 kilomètres ; de Malte à Alexandrie, elle est de 1 509 kilomètres ; de Suez à Aden, 2 426 kilomètres ; d'Aden à Bombay, 3 082 kilomètres ; de Bombay à la pointe de Galles, 1 778 kilomètres ; de la pointe de Galles à Madras, 1 000 kilomètres ; de Madras à Calcutta, 1 611 kilomètres ; de Calcutta à Penang, 2 246 ; de Penang à Singapour, 705 kilomètres ; de Singapour à Hong-Kong, 2 661 kilomètres ; de Singapour à Batavia, 963 kilomètres ; de Batavia à la rivière des Cygnes, 2 778 kilomètres ; de la rivière des Cygnes au détroit du Roi-Georges, 926 kilomètres ; et du détroit du Roi-Georges à la terre Adélaïde, 1 848 kilomètres. De la terre Adélaïde à Melbourne et à Sidney on aurait en peu de temps une communication télégraphique par voie de terre. De la baie de la Trinité (dans l'île de Terre-Neuve) aux Bermudes, la distance est de 2 778 kilomètres ; des Bermudes à Inagua, la distance est d'environ 1 852 kilomètres ; d'Inagua à la Jamaïque, elle est de 555 kilomètres ; de la Jamaïque à Antigoa, de 1 481 kilomètres ; d'Antigoa à Demerara, par voie de la Trinité, 1 481 kilomètres ; d'Antigoa à Saint-Thomas, de 420 kilomètres ; de la Jamaïque à Greytown, par voie de la baie de la Marine, de 1852 kilomètres ; et de la Jamaïque à Balize, de 1 296 kilomètres.

« On peut voir par là que tous nos établissements, nos dépendances et nos colonies dans la Péninsule, la Méditerranée, l'Arabie, l'Inde, la Chine, l'Australie, les Indes occidentales, l'Amérique centrale, peuvent être reliés à l'Angleterre par des câbles sous-marins moins longs que celui qui existe maintenant d'Irlande à Terre-Neuve, et sans qu'ils soient en contact avec aucun État puissant étranger.

« La longueur réunie de ces câbles serait de près de 39 040 kilomètres, et en comptant 20 pour 100 pour les sinuosités du fond de la mer, la longueur totale n'excéderait pas 44 448 kilomètres. Ces câbles mettraient l'Angleterre en communication presque instantanée avec plus de quarante colonies, établissements et dépendances à 37 040 kilomètres de distance dans les hémisphères oriental et occidental.

« Les seules dépêches télégraphiques intéressant la navigation, expédiées d'Angleterre dans ces divers points et de ces points en Angleterre, seraient d'une importance inappréciable pour les négociants, pour les armateurs et les marins, et les dépêches télégraphiques expédiées dans un but politique seraient d'un prix infini pour les gouvernements des colonies et pour celui de l'Angleterre.

« Des colonies, établissements et dépendances susnommés viennent les produits et marchandises les plus utiles, et on leur expédie les produits manufacturés de la Grande-Bretagne. Il y aurait des millions en argent épargnés chaque année pour la population d'Angleterre sur les articles de consommation, parce que les marchands anglais et ceux des colonies connaîtraient par le télégraphe la situation des marchés d'Angleterre et des colonies.

CHAPITRE XI

Cet accident c'était l'interruption des dépêches télégraphiques transmises par le câble. Dès les premiers jours de l'établissement de la ligne atlantique, les signaux avaient commencé à présenter une certaine irrégularité, une confusion, qui ne firent qu'empirer de plus en plus. Vers le 5 septembre les communications étaient à peu près complètement suspendues.

Depuis cette époque, la situation resta la même ; le courant finit même par ne plus se faire sentir à l'extrémité du câble. On essaya de déterminer en quel point du fil s'était faite l'altération physique, l'usure accidentelle qui laissait perdre dans l'Océan le courant électrique, et l'on reconnut avec regret, qu'elle existait à une distance très-éloignée des deux rivages. La mauvaise saison survenue dans cet intervalle, obligea de suspendre ces recherches.

Le désappointement public fut immense.

On attribua la détérioration si prompte du câble de 1858, au mauvais choix du modèle, qui avait été adopté sans données expérimentales, à sa fabrication trop hâtive et qui n'avait pas reçu tous les soins désirables, enfin aux manipulations sans nombre qu'il avait subies, aux alternatives de sécheresse et d'humidité par lesquelles il avait passé. Au mois d'avril 1860 on put en relever quelques kilomètres, sur la côte de Terre-Neuve. On trouva le noyau central assez bien conservé ; mais l'armature extérieure était rongée par la rouille et n'offrait plus aucune résistance. En quelques endroits il était suspendu au sein de la mer sans toucher le fond ; ailleurs il avait rencontré le roc et portait des empreintes de substances pierreuses.

En avril 1860, les directeurs de la compagnie envoyèrent le capitaine Kell et le physicien M. Varley, à Terre-Neuve, pour essayer de repêcher quelques portions de ce câble. Ils ne purent en retirer que 8 kilomètres. La gutta-percha n'était nullement détériorée, la propriété conductrice de l'âme s'était améliorée par son séjour de trois ans dans l'eau : seulement l'armature était entièrement rongée

« Les escadres anglaises répandues sur les divers points du monde pourraient n'être que le dixième en nombre de ce qu'elles sont, si l'Angleterre et ses possessions étrangères se trouvaient enlacées dans un réseau télégraphique. Si l'on apprenait en Angleterre par le télégraphe qu'un bâtiment de guerre est nécessaire dans une partie des Indes occidentales, ce bâtiment pourrait y être rendu dans un temps plus court que celui qu'il faut en ce moment pour détacher un navire de l'escadre des Bermudes. »

En 1862, d'autres tentatives furent faites, mais sans succès, pour relever le même câble sur les côtes d'Irlande.

Le gouvernement anglais institua une commission, pour procéder à une enquête minutieuse sur la cause de la destruction des câbles sous-marins en général, et celle du câble transatlantique en particulier. Ce comité tint vingt-deux séances ; il entendit quarante-trois ingénieurs électriciens ou marins, fit faire un grand nombre d'expériences, écouta les explications des hommes les plus compétents, et résuma ses travaux dans un rapport, daté du mois d'avril 1861, dont nous avons donné une sorte de résumé en tête de cette notice.[1]

Le travail de cette commission ne fut pas perdu ; une nouvelle ère s'ouvrit à partir de ce moment pour la télégraphie sous-marine, et pour l'entreprise du câble atlantique.

CHAPITRE XII

TRAVAUX DES PHYSICIENS ANGLAIS POUR LE PERFECTIONNEMENT DU CÂBLE ATLANTIQUE. — EXPÉRIENCES DE M. WITEHOUSE SUR LA MANIÈRE D'ENVOYER LE COURANT DANS LE CABLE ATLANTIQUE.

La commission qui fut nommée pour rechercher les causes de l'accident de 1858 et en prévenir le retour, fit des expériences remarquables, qui amenèrent à des résultats tout nouveaux. C'est alors que l'on parvint à supprimer ces courants d'induction qui se formaient dans l'armature métallique, et qui étaient une cause de trouble et de retard dans le passage du courant principal. Nous reviendrons à cette occasion sur l'influence électrique qu'exercent les diverses pièces d'un câble sous-marin sur le courant électrique qui parcourt le fil intérieur.

Le câble atlantique n'est point dans les conditions d'un fil télégraphique aérien ; il n'est point, comme un fil télégraphique ordinaire,

1 Nous devons la communication de ce rapport à l'obligence de M. Blerzy, inspecteur des télégraphes électriques, en résidence à Troyes, qui a bien voulu aussi mettre à notre disposition la collection complète des *Annales télégraphiques*, publication d'une grande valeur, et qui malheureusement a cessé de paraître, après avoir rendu les plus grands services à l'administration des télégraphes et aux savants. Nous espérons, pour l'avantage de la science et par reconnaissance pour les hommes consciencieux qui y collaboraient, que cette publication sera reprise.

soutenu par des supports isolateurs. Tout au contraire, il est immergé dans un milieu éminemment conducteur de l'électricité, dans l'eau de la mer, qui conduit parfaitement le fluide électrique, comme toutes les dissolutions salines. La couche épaisse de gutta-percha qui l'enveloppe, pour l'isoler de ce milieu conducteur et prévenir la déperdition de l'électricité, n'est pas douée d'une propriété isolante absolue ; il est, en effet, reconnu que la gutta-percha laisse perdre plus d'un tiers de l'électricité envoyée dans les conducteurs qu'elle enveloppe. De là une première cause de perte ou d'affaiblissement du courant électrique.

Mais une seconde difficulté, pour la certitude de la transmission, résulte de la contexture et de la composition du câble. Un câble sous-marin se compose, en général, d'un fil de cuivre, placé au milieu d'une couche de guttapercha, entourée elle-même d'une seconde enveloppe de chanvre ; enfin, il est cerclé, à l'extérieur, au moyen d'un certain nombre de fils de fer, qui lui donnent assez de poids pour séjourner au fond de l'eau, et assez de résistance pour ne point se briser pendant l'opération de la pose. Or, cette armature extérieure, ces fils de fer renforçant l'enveloppe, produisent un très-fâcheux effet, au point de vue physique. Ainsi ficelé par un cordon métallique, le câble se trouve dans les conditions d'une véritable *bouteille de Leyde.* Il se compose, en effet, de deux surfaces métalliques, savoir : le fil de cuivre intérieur par lequel passe le courant électrique, et les fils de fer qui composent son armature extérieure ; le tout séparé par une substance isolante, la gutta-percha. Aussi voit-on se reproduire dans un câble sous-marin, le phénomène ordinaire de la bouteille de Leyde, Pendant que le fil de cuivre intérieur est parcouru par un courant d'électricité positive, par exemple, les fils de fer extérieurs sont chargés d'électricité négative. Le courant d'électricité positive qui traverse le fil, décompose par influence le fluide naturel de l'enveloppe métallique extérieure ; le fluide positif de cette enveloppe est repoussé et se perd dans l'eau de la mer, qui lui offre un libre passage, tandis que le fluide négatif reste à l'état de liberté, dans l'enveloppe extérieure.

Ainsi s'explique, si l'anecdote est vraie, l'accident de cet amateur, qui, en présence de M. Faraday, voulut, dans un accès d'enthousiasme, donner un baiser au télégraphe atlantique. À peine eut-il posé ses lèvres à l'extrémité du câble que, mettant ainsi en communication les deux surfaces différemment électrisées, il fut renversé, par une véritable commotion, semblable à celle que fait ressentir la bouteille de Leyde.

Quoi qu'il en soit de l'authenticité de l'anecdote, on comprend que le courant inverse qui parcourt les fils de fer de l'armature extérieure du câble atlantique, exerce une action fâcheuse sur le courant principal qui chemine dans le fil intérieur : il retarde sa marche ; il le paralyse, en le neutralisant.

Il ne faut pas néanmoins s'exagérer l'influence fâcheuse de ce courant d'électricité inverse qui parcourt l'enveloppe du câble. La science permet de calculer exactement la perturbation occasionnée dans le courant principal par ce courant extérieur. On sait, par les *lois de Ohm*, que, dans le câble atlantique tel qu'il est construit, le courant électrique intérieur ne peut jamais être anéanti, mais seulement retardé dans une certaine mesure.

Il importait donc de supprimer ces courants d'induction, et l'on parvint complètement à ce résultat, dans le nouveau câble qui fut construit, grâce à un perfectionnement de la plus haute importance qui fut introduit par M. Witehouse dans la manière d'envoyer l'électricité dans le câble.

Nous avons dit plus haut, qu'il se produit dans l'enveloppe métallique extérieure, un courant opposé à celui qui parcourt le fil intérieur, et que cet antagonisme entraîne, comme conséquence, un certain retard dans la vitesse de transport du fluide. Pour parer à cet inconvénient, M. Witehouse eut une idée qui va paraître simple quand on en sera instruit, mais qui est véritablement, par sa simplicité même, une inspiration du génie. Pour anéantir l'effet nuisible du courant d'induction extérieur, M. Witehouse eut la pensée d'envoyer alternativement dans le câble, de l'électricité positive et de l'électricité négative. À cet effet, admirez encore la simplicité, dans le moyen d'exécution, M. Witehouse fit usage d'un pendule, qui, à un intervalle marqué par chacune de ses oscillations, fait passer alternativement dans le fil conducteur, de l'électricité positive et de l'électricité négative, parce qu'il vient se mettre successivement en contact à chacune de ses oscillations périodiques, avec le pôle, positif ou négatif, de la pile ou de la source d'électricité. Vous voyez le résultat de cette manœuvre : en changeant ainsi, alternativement, la nature de l'électricité envoyée dans le câble, on annule, on neutralise le courant d'induction provoqué dans l'enveloppe. Lorsque, en effet, l'électricité positive envoyée d'abord à l'intérieur du câble, a provoqué, par induction, dans l'armature extérieure, un courant d'électricité négative, si, au bout de quelques secondes, on envoie dans le câble de l'électricité négative, celle-ci provoque à son tour, par influence, par induction, un courant d'électricité positive dans cette même armature extérieure, et tout aussitôt, ces deux courants s'annulent, se neutralisent, s'anéantissent l'un l'autre, absolument comme se neutralise un acide par un alcali, absolument comme on détruirait, dans un tube, des vapeurs d'ammoniaque par un courant d'acide chlorhydrique. On le voit, il n'est rien de plus curieux, et l'on peut ajouter, rien de plus efficace dans la pratique.

Nous verrons bientôt, c'est-à-dire à propos du câble de 1866, un autre physicien M. Varley, arriver au même résultat par un autre moyen, c'est-à-dire par l'emploi, à l'extrémité de la ligne d'un *condensateur* de grande surface, espèce de bouteille de Leyde qui se charge au moyen de l'électricité du câble, et qui, ensuite renvoyant l'électricité contraire, neutralise celle qui était restée dans le conducteur.

Un second perfectionnement, d'une importance tout aussi grande, fut réalisé par M. Witehouse, pour le mode d'emploi de l'électricité dans le câble atlantique. Au lieu de mettre en action le télégraphe par l'électricité de la pile ordinaire, on le fait marcher au moyen de la *machine de Clarke.*[1] On a reconnu que les courants d'induction, c'est-à-dire l'électricité fournie par la rotation d'un puissant aimant autour d'une lame de fer pur, se propagent plus rapidement que les courants voltaïques ordinaires. La vitesse de transmission de cette électricité est environ deux fois et demie plus grand que celle de l'électricité voltaïque ; elle augmente même avec la force du courant. On a été conduit ainsi à préférer l'emploi des machines électro-magnétiques à celui des piles.

L'appareil employé par M. Witehouse pour fournir au câble atlantique l'électricité destinée à mettre en mouvement les signaux télégraphiques, consiste en une série de cylindres de fer doux, entourés de deux hélices, l'une de gros fil formant le circuit induc-

1 Voir la description de cet appareil d'électricité d'induction dans l'ouvrage l'Électromagnétisme.

teur, l'autre de fil fin formant le circuit induit, relié d'une part à la terre et de l'autre au fil de la ligne. La première bobine est mise en communication avec la pile voltaïque destinée à provoquer dans le fil fin le courant induit.

Quant à l'instrument destiné à exécuter les signaux télégraphiques, c'était tout simplement une aiguille aimantée. La déviation de l'aiguille à droite, indiquait les *lignes* de l'alphabet Morse, et les déviations à gauche, les *points* du même alphabet.

Fig. 146. — Witehouse, ingénieur électricien du câble atlantique.

CHAPITRE XII

On avait reconnu que le meilleur moyen d'éviter les courants d'induction dans le câble atlantique, c'était de faire usage de courants électriques excessivement faibles. Mais pour faire fonctionner les appareils télégraphiques avec de très-faibles courants, il fallait posséder un appareil à signaux prodigieusement sensible. C'est alors que M. Thomson inventa l'appareil qui porte son nom, c'est-à-dire le *galvanomètre de Thomson*, qui est seul employé aujourd'hui pour la correspondance télégraphique entre les deux mondes.

Cet appareil, que nous avons vu à l'Exposition de 1867, a pour but d'amplifier et de rendre sensibles les plus légers mouvements produits par les déviations de l'aiguille aimantée de l'appareil à signaux. À cet effet, l'aiguille est pourvue, à son extrémité mobile, d'un petit miroir métallique. Sur ce petit miroir vient tomber la lumière d'une lampe, et le rayon lumineux se projette, au milieu d'une chambre entièrement obscure, sur un écran placé à quelque distance. C'est donc dans une chambre obscure que doit se tenir l'observateur ou l'employé télégraphique du câble atlantique pour lire les espèces d'éclairs que forme la réflexion de la pointe de l'aiguille. On comprend facilement que par ces moyens on amplifie, à volonté, les plus petits mouvements de l'aiguille, et que, grâce à cet artifice, on puisse faire usage, pour exécuter des signaux, de courants excessivement faibles, lesquels n'altèrent pas le câble, et ne produisent pas ces courants d'induction dont les effets furent si funestes au câble de 1858.

Telle est la série de perfectionnements qui furent apportés de 1858 à 1865, aux instruments électriques. Ils faisaient envisager avec confiance le résultat d'une nouvelle tentative.

CHAPITRE XIII

TROISIÈME TENTATIVE D'IMMERSION DU CÂBLE ATLANTIQUE EN 1865. — LE GREAT-EASTERN. — FABRICATION DU NOUVEAU CÂBLE. — DÉPART DU GREAT-EASTERN. — RUPTURE DU CÂBLE LE 15 AOUT 1865.

Ainsi l'entreprise était loin d'être abandonnée. M. Perdonnet raconte que, parlant à M. Crampton, après l'échec de 1858, il lui demandait ce que feraient les ingénieurs anglais, si la tentative nouvelle qui se préparait venait à échouer.

— « Nous recommencerons, » répondit M. Crampton.

— « Et si vous échouez une troisième fois ? » demanda M. Perdonnet.

— « Nous recommencerons encore, répondit son interlocuteur ; nous recommencerons toujours jusqu'au succès définitif. »

Ces sentiments de confiance et de résolution étaient ceux de tous les ingénieurs anglais attachés à cette entreprise.

La guerre d'Amérique vint redoubler le désir d'établir une communication télégraphique entre les deux mondes. Bien que le câble transatlantique n'eût fonctionné que quelques jours à peine, il avait assez vécu pour démontrer son importance au point de vue financier. 400 messages avaient été envoyés.[1] Un, entre autres, parti de Londres le matin, et arrivé le même jour à Halifax, enjoignait au 62e régiment de ne pas revenir en Angleterre. Cet avis, parvenu à temps, évita au pays une dépense de 1 250 000 francs.

M. Cyrus Field, de son côté, ne laissait pas perdre de vue cette grande entreprise. Continuellement sur mer, il allait presser ses amis des deux côtés de l'Océan, à Londres et à New-York, de reprendre courageusement l'œuvre commune, jusqu'à son entier succès.

Mais l'échec que l'on venait d'éprouver décourageait une grande partie du public. N'était-ce pas une folie, disait-on, de se lancer dans une entreprise aussi longue, aussi coûteuse, et qui pouvait échouer pour mille causes : un défaut dans la fabrication du câble, un accident pendant la pose, une soudure mal faite, un relâchement de surveillance pendant la fabrication ou pendant le déroulement du fil ? Qui pouvait répondre que huit cents lieues, non interrompues, d'un conducteur télégraphique, pussent être fabriquées avec assez de soin pour ne pas présenter un seul point faible dans la bonté du métal, un seul défaut dans l'application de la matière isolante, une seule altération pendant sa conservation dans la manufacture, une seule éraillure pendant son transport à bord du

1 Dans les vingt-trois jours de transmission efficace » 271 télégrammes, comprenant 2 885 mots, avaient été expédiés de Terre-Neuve à Valentia, et 129 télégrammes, en tout 1 474 mots, de Valentia à Terre-Neuve, ce qui fait un total de 400 télégrammes, ou de 4 359 mots.

navire, etc. ? Comment, d'un autre côté, se flatter de n'être assailli par aucune tempête, de n'être dérangé par aucune bourrasque, au sein de l'Atlantique, pendant les deux semaines que nécessiterait l'opération de la pose du fil ? Or, une seule de ces causes devait suffire à engloutir dans la mer, les huit à dix millions qu'avaient absorbés ces travaux. N'était-il pas vrai que de tout le câble, perdu en 1858, on était parvenu à retirer à peine quelques kilomètres ?

À ces réflexions décourageantes, les hommes de l'art répondaient par des considérations empreintes du même caractère de vérité.

Fig. 147. — George Saward, secrétaire de la Compagnie du câble atlantique anglo-américain.

L'immersion d'un câble transatlantique, que l'on avait tant de fois déclarée impossible, venait d'être accomplie : elle pouvait donc réussir une fois de plus. Aucun mauvais temps n'était survenu pendant la pose en 1858 ; les mêmes circonstances pouvaient donc se présenter encore. La transmission des signaux avait été lente, il est vrai, mais elle s'était faite, et l'on ne pouvait plus prétendre que le passage d'un courant électrique d'un monde à l'autre fût impossible. Il n'y avait donc plus qu'à perfectionner les appareils de transmission afin d'activer la vitesse des signaux, à exécuter avec un soin minutieux la fabrication d'un nouveau câble, et à rendre les appareils de dévidement du fil, plus puissants et plus dociles.

Les promoteurs de l'entreprise ne négligeaient rien pour appeler à eux les capitaux, et M. George Saward, le secrétaire de la *Compagnie du câble atlantique*, se multipliait pour hâter la reprise des opérations de cette compagnie. On émit des actions de 5 livres sterling seulement, pour les mettre à la portée de toutes les bourses, et le gouvernement anglais promit une garantie de 500 000 francs par an, pour les recettes du futur câble atlantique.

La compagnie lança ses appels de fonds le 20 décembre 1862. Au commencement de 1864, le capital nécessaire fut réuni, et l'on put commencer les travaux. MM. Glass et Elliott consentirent à fabriquer le câble en recevant en payement des actions de la Compagnie. En outre, ils souscrivirent pour 625 000 francs. Comme les États-Unis étaient absorbés par la guerre civile, le gouvernement anglais garantit seul aux actionnaires un minimum d'intérêt.

Il avait fallu six ans pour remplacer le capital enfoui au fond de l'eau ; mais le temps avait été parfaitement mis à profit. On avait profité de l'expérience acquise dans cet intervalle, par l'immersion du câble télégraphique dans la mer Rouge et le golfe Persique, par le succès des tentatives faites pour relier Barcelone à Port-Vendres, et Toulon à la Corse, dans des points où la profondeur de la Méditerranée n'est pas moindre de 3 000 mètres. Toutes ces études ne devaient pas être perdues.

On avait toujours considéré comme regrettable, la nécessité d'embarquer le câble sur deux navires séparés. Mais où trouver un navire assez vaste pour recevoir dans ses flancs la masse effrayante du câble transatlantique ? Il n'en existait qu'un, c'était le *Great-Eastern*, le chef-d'œuvre de Brunel. Les débuts de ce colosse avaient été malheureux, mais quelques années d'épreuve et de navigation l'avaient singulièrement perfectionné. Brunel disait pendant sa construction : « Voilà le seul navire qui pourra poser le câble atlantique. » La compagnie se décida donc à confier l'œuvre de la pose du câble à ce monument des constructions maritimes, qui gisait inutile dans la Tamise, et qui, après avoir coûté 16 millions, attendait encore un emploi pour lequel sa masse colossale fût une nécessité.

Fig. 148. — Isambard Kingdom Brunel, constructeur du *Great-Eastern*.

Ce navire remarquable, qui a décidé du succès de la pose du câble atlantique, mérite une mention particulière.

C'est le 1er mai 1853, dans les chantiers de MM. Scott-Russel à Milwal, près de Londres, que fut commencée la construction de ce bâtiment colossal ; c'est dans les premiers jours de l'année 1858, que l'on réussit, non sans peine, à le lancer.

La *Compagnie orientale de navigation* (*Eastern steam navigation Company*), chargée de conduire en Australie des émigrants et des marchandises, avait à établir, sur une vaste échelle, un système de communications rapides entre l'Angleterre et les régions de l'Océanie. Il s'agissait de transporter en moins de cinq semaines, et sans aucun relâche, 3 000 personnes à la fois, ou l'équivalent de ce nombre en marchandises, depuis la Grande-Bretagne jusqu'à l'Australie. Aucun des navires alors existants n'était de taille à accomplir cette traversée, avec de semblables conditions. Il fallait donc créer, en vue de cette entreprise, un vaisseau géant qui, par ses dimensions, dépassât de moitié tous ses aînés, et qui fût en outre construit sur un système nouveau, rendu indispensable par sa grandeur inusitée.

Brunel, ingénieur d'origine française qui s'était rendu célèbre par la création du tunnel de la Tamise et par bien d'autres travaux, conçut et exécuta le plan de ce colosse des mers, qui reçut d'abord le nom de *Leviathan* et ensuite celui de *Great-Eastern* (Grand-Oriental).

Le plus grand navire à vapeur qui eût paru était le *Persia*, qui avait une longueur de 112 mètres sur 13^{m},70 de large. Le *Great-Eastern* est presque deux fois aussi long : il a 209 mètres de longueur sur 25 de large. Il a été construit suivant un système qui diffère du mode employé jusqu'ici pour les autres navires de fer. Il a une double muraille, formée de plaques de tôle ; la distance entre les deux parois de cette muraille est de 75 centimètres. Cet intervalle est partagé en espèces de cloisons, qui constituent un certain nombre de cellules *étanches* et sans communication entre elles, ce qui a pour effet de localiser les voies d'eau qui pourraient se produire. Cette double coque jouit d'une solidité comparable à celle du fer massif, tout en présentant une légèreté spécifique égale à celle des coques de bois. En remplissant d'eau ces compartiments, on peut remplacer le lest. Cette disposition fait du *Great-*

Eastern une sorte de navire double, dont le premier doit protéger le second en cas d'avarie. En effet, la première enveloppe pourrait être perdue ou endommagée sans que le navire sombrât.

Ce bâtiment a trois ponts. Le pont supérieur est construit comme les murailles, c'est-à-dire qu'il est double et cellulaire. Les ponts inférieurs sont simples. Le corps du navire est divisé en dix compartiments principaux, au moyen de cloisons en tôle, placées à 18 mètres de distance l'une de l'autre. S'il paraît être à l'abri de la submersion, il n'a non plus rien à craindre du feu, car il n'entre pas une parcelle de bois dans sa coque.

Les cabines du *Great-Eastern* ne ressemblent guère aux incommodes demeures assignées ordinairement aux passagers sur les bateaux à vapeur. Les cabines de première classe ont 4^{m},27 de long sur 10 mètres de large et 2^{m},13 de haut. Il y a des rues et des places bordées de ces cabines, et elles ouvrent sur des salons aussi vastes que le pont d'un vaisseau de ligne.

Cet immense navire est pourvu de deux sortes d'appareils moteurs : il est muni à la fois d'une hélice et de roues à aubes. Quatre machines à vapeur, dont la force réunie est de 1 000 chevaux, sont employées à faire mouvoir les roues, qui ont 17^{m},70 de diamètre. Quatre autres machines à vapeur, destinées à faire tourner l'hélice, ont une force de 1 600 chevaux. L'arbre de l'hélice, qui pèse 60 tonnes, a 48 mètres de longueur ; le diamètre de l'hélice même est de 7^{m},32.

Le *Great-Eastern* a, comme moyen d'impulsion, les voiles, en même temps que la vapeur. Il est muni, à cet effet, de six mâts de hauteur moyenne, dont deux portent des voiles carrées.

La capacité de ce navire est de 22 500 tonneaux. Il peut recevoir 4 000 personnes à son bord.

Le *Great-Eastern* porte, suspendue à ses flancs, toute une petite flotte, destinée à sauver, en cas de malheur, son équipage et ses passagers. Ce sont d'abord deux steamers à hélice, suspendus derrière les roues du navire. Chacun de ces steamers, de la capacité de 70 tonneaux, a 30 mètres de long, 5 mètres de large, et porte une machine de la force de 40 chevaux. Puis viennent 20 bateaux plus petits, la plupart pontés, munis de leurs mâts et de leurs voiles.

Les mâts sont tous en fer creux, excepté le dernier, à cause de la proximité de la boussole. Ils ont une hauteur de 40 à 52 mètres, un diamètre de 1 mètre sur le pont et un poids de 30 à 40 tonnes, sans compter les vergues. Chaque mât repose dans une colonne carrée de plaques de fer, qui monte de la quille jusqu'au pont supérieur, et qui est rivée et encastrée dans tous les ponts qu'elle traverse. Pour le cas où il deviendrait nécessaire de couper les mâts, il se trouve a la base de chacun, à un mètre environ au-dessus du pont supérieur, un appareil propre à comprimer, moyennant une vis puissante, les deux faces du mât, de façon à le couper et à le faire tomber sur le côté. Toutes les vergues principales des mâts, gréées carrément, sont également composées de plaques de fer. La vergue principale a 40 mètres de longueur, ou à peu près 12 mètres de plus que la vergue principale des plus grands vaisseaux de guerre, à peu près quatre fois l'épaisseur de la plus grande vergue qui ait jamais été construite, et elle pèse plusieurs tonnes de moins que si elle était en bois.

Les roues font dix révolutions par minute : les dimensions et la rapidité d'évolution des roues expliquent la vitesse de la marche de ce navire. Au mois d'avril 1867, on essaya de consacrer le *Great-Eastern* à des voyages transatlantiques, pour transporter de New-York à Brest les voyageurs américains, à l'occasion de l'exposition universelle de Paris ; le *Great-Eastern* ne fit qu'un seul voyage, mais sa traversée ne dura que huit jours.

La manœuvre de ce colossal navire aurait exigé un très nombreux personnel, si la vapeur ne donnait aujourd'hui le moyen de remplacer presque partout le travail des hommes par un moteur inanimé. Le *Great-Eastern* a des machines à vapeur particulières, de la force de 30 chevaux, pour manœuvrer les cabestans, faire jouer les ponts, lever les ancres, etc., dix autres appareils de ce genre, chacun de la force de 10 chevaux, pour alimenter les chaudières.

Personne n'ignore que le *Great-Eastern* fut la dernière œuvre, et on peut le dire, le chef-d'œuvre de Brunel. L'exécution de ce colosse maritime faisait honneur à la fois, à Brunel et à la nation britannique. Il est juste de rappeler à ce propos, que ce sont deux bâtiments anglais, le *Sirius* et le *Great-Western*, qui osèrent les premiers, en 1838, tenter, au moyen de la puissance de la vapeur, la traversée de l'océan Atlantique, entre la Grande-Bretagne et New-York. Ce fut encore une compagnie anglaise qui, en 1843, fit, avec le *Great-Britain*, qui avait 98 mètres de longueur, le premier essai d'un steamer à coque entièrement de fer.

Tel était le navire auquel on allait confier la charge immense du câble transatlantique. Nous le verrons bientôt se comporter admirablement avec une mer des plus mauvaises, et ne pas paraître embarrassé sous cet incroyable fardeau.

Le comité scientifique de la *Compagnie du télégraphe atlantique*, était composé de MM. Wheatstone, Varley, Thomson, physiciens bien connus, auxquels on avait adjoint M. Withworth, constructeur et ingénieur de grand mérite, auteur de divers perfectionnements récemment apportés à l'artillerie anglaise, ainsi que M. Fairbairn, le patriarche des constructeurs mécaniciens de l'Angleterre, le directeur de la célèbre usine de Soho, et par conséquent le successeur de Watt, qui jouit en Angleterre d'une immense popularité.

Fig. 150. — W. Fairbairn.

Ce comité, qui étudiait depuis l'année précédente, le modèle du câble, fixa définitivement son choix.

Le nouveau câble atlantique ressemblait à celui que l'administration française avait adopté pour les lignes de Marseille à Alger. Il différait du câble océanien de 1858, par ses dimensions, son poids spécifique et son armature extérieure. Le conducteur, composé, de même que le premier câble, d'un toron de 7 fils de cuivre recuit, avait 3^{mm},6 de diamètre, au lieu de 1^{mm},9, et pesait 74 kilogrammes, par kilomètre, au lieu de 26 kilogrammes que pesait le câble de 1868. Le poids de la substance isolante employée fut élevé de 58 kilogrammes à 98. L'âme du câble pesait ainsi 172 kilogrammes par kilomètre au lieu de 84. En tenant compte, conformément aux lois posées par la commission d'enquête, de l'influence exercée par ces accroissements de dimension d'une part sur la vitesse de transmission, de l'autre sur l'action inductive, on avait calculé que la vitesse d'expédition des dépêches serait de 4 mots par minute. On espérait, en raison des perfectionnements récents introduits dans les procédés de manipulation, obtenir jusqu'à 7 mots par minute.

La pureté du cuivre fut constatée avec un grand soin. Tout fil d'une conductibilité inférieure à 85 pour 100, fut rejeté. Le fil central, autour duquel les six autres s'enroulaient, pour former le toron, était préalablement enduit d'une couche de gutta-percha rendue visqueuse par le mastic *Chatterton*, qui emplissait tous les interstices, et avait pour but de diminuer l'induction, électrique, tout en augmentant la solidité.

Les sept fils formant ainsi un lien compacte recevaient quatre couches alternées de mastic *Chatterton* et de *gutta-percha* ; puis l'âme du câble était soumise à l'épreuve de l'isolement. Elle donna une résistance au passage de l'électricité double de celle de l'ancien câble. Les autres épreuves électriques furent tout aussi satisfaisantes.

Enfin le noyau du câble examiné à la main, avec le plus grand soin, était enroulé sur des tambours, et placé dans des cuves pleines d'eau.

Restait l'armature, l'objet principal des discussions du comité, qui n'avait pas étudié moins de vingt modèles. On s'appliqua surtout à diminuer son poids spécifique, tout en augmentant sa solidité. Aux 18 torons qui, en 1858, s'enroulaient pour composer l'armature extérieure, on substitua un toron de 10 fils, dont chacun avait $2^{mm},5$ de diamètre. Il était recouvert préalablement d'une gaine de filin goudronné, formé de chanvre de Manille, qui servait à prévenir l'oxydation, à diminuer le poids spécifique et à augmenter quelque peu la résistance.

Dans les câbles antérieurs la *jute*, plante textile des Indes, interposée entre la gutta-percha et l'armature de fer, était enduite de goudron ; ce qui avait eu l'inconvénient de dissimuler les fissures qui pouvaient se produire dans la gutta-percha ; ces défauts ne se manifestaient qu'après l'immersion, lorsque l'eau avait emporté le goudron. Dans le nouveau câble, le bourrelet fut formé d'un tissu de jute, injecté simplement d'une dissolution saline toxique préservatrice, qui écartait les causes de décomposition organique.

L'armature fut fabriquée chez MM. Webster et Horsfak. Le fer était laminé en barres à leur établissement près de Sheffield, et étiré en fils à leur autre fabrique, à Hay-Mills, près de Birmingham. Ce fil de fer a presque la solidité de l'acier. Seulement par un mode spécial de préparation, on l'a privé entièrement de son élasticité, qui aurait entraîné la formation de coques, au moment du dévidement. Les fils de fer, enroulés sur un tambour, étaient tirés horizontalement au travers d'un cylindre creux portant à sa circonférence des bobines couvertes de chanvre de Manille, que l'on faisait converger au centre du cylindre, où passait le fil métallique, de telle sorte qu'il s'enroulait autour de cet axe.

Les fils ainsi recouverts et enroulés eux-mêmes sur des bobines, étaient placés sur des axes, fixés à la circonférence d'une table ronde, dans un appareil spécifique. Les dix fils de fer enroulés sur les dix bobines étaient déroulés par le mouvement vertical du câble autour duquel ils s'enroulaient en spirale, après avoir tourné autour des guides de fer. On conçoit ainsi que le pas de la spire devait être d'autant plus allongé que ces guides étaient plus élevés.

En sortant de cet appareil, l'âme du câble, revêtue de son armature de fils de fer, s'élevait verticalement au travers du trou central de la plate-forme en révolution, et passait au travers du plafond de l'atelier.

Le câble ainsi achevé, était *lové* dans d'immenses bassins remplis d'eau. Il était journellement soumis à des épreuves de conductibilité électrique par les constructeurs et par les agents de la Compagnie.

Le diamètre total du câble terminé était de 27 millimètres. Son poids, qui était, par chaque kilomètre, de 982 kilogrammes dans l'air, se réduisait dans l'eau, à 390 kilogrammes. Sa force de résistance à la rupture était de 7 860 kilogrammes. Il était susceptible de soutenir verticalement son propre poids, sur une hauteur de 2 kilomètres, dans l'air.

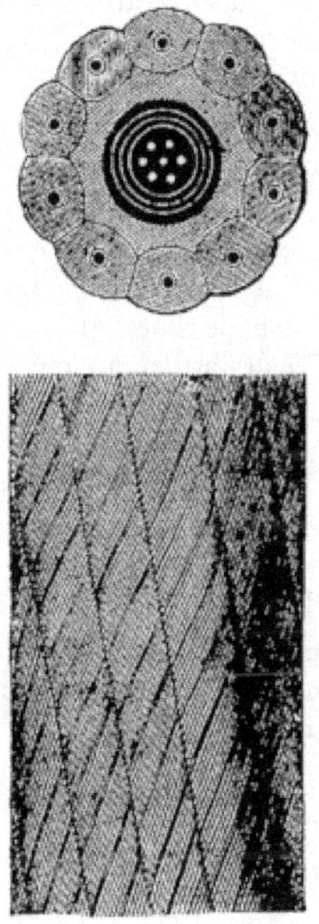

Fig. 151. — Câble atlantique de 1865 (grandeur naturelle).

La distance des points extrêmes de la ligne étant de 3 100 kilomètres, le câble entier avait 4 760 kilomètres de longueur, ce qui laissait pour les pertes près de 40 pour 100. En outre, on avait fabriqué pour les atterrissements un câble côtier, du diamètre de 56 millimètres et d'un poids de 10 700 kilogrammes par kilomètre. La longueur de ce dernier câble était de 50 kilomètres.

Le prix à payer aux entrepreneurs, avait été fixé à 17 800 000 francs, indépendamment d'une prime considérable en cas de réussite.

Une des causes de l'accroissement de dépense, provenait de la condition, imposée aux entrepreneurs, de conserver constamment le câble dans l'eau. Il avait fallu construire et installer dans l'usine, huit énormes cuves de tôle, bien étanches et susceptibles de contenir chacune environ 500 kilomètres de câble.

Cet immense conducteur fut terminé le 29 mai 1865, après un travail non interrompu de huit mois.

Il aurait été impossible d'arrimer à bord d'un tout autre navire que le *Great-Eastern*, une masse aussi encombrante et aussi lourde. On avait installé, au milieu de ce vaste navire, trois immenses cuves, reposant chacune sur un lit de ciment, de trois pouces d'épaisseur. Les cuves du milieu et de l'arrière avaient $17^{m},50$ de diamètre, sur $6^{m},25$ de hauteur, et contenaient chacune 1 445 kilomètres de câble ; celle de l'avant n'avait que $15^{m},75$ de diamètre, et contenait 1 115 kilomètres de câble, soit 4 000 kilomètres en tout.

La figure 149 représente les ouvriers et matelots du *Great-Eastern* occupés à lover le câble atlantique dans les cuves monstres qui remplissaient les flancs de ce navire.

Le 24 mai, le prince de Galles fit une longue visite au *Great-Eastern*, pour voir son aménagement. Il exprima le désir de transmettre un message au travers du câble entier, et l'on fit selon son désir circuler cette phrase :

I wish success to the atlantic cable. (Je souhaite bonne chance au câble transatlantique). Elle passa en quelques secondes dans la totalité du câble.

Le 14 juin 1865, le chargement du *Great-Eastern* fut complété ; le 24 il quitta la *Medway* pour se rendre en Irlande, avec un chargement total de 21 350 tonnes. La direction de la pose fut confiée à M. Samuel Canning, ingénieur de la compagnie, et la machinerie à

M. Clifford. MM. Varley et Thomson représentaient la compagnie du télégraphe. Ils devaient, sans intervenir dans l'exécution mécanique des travaux, veiller à ce que les conditions du traité fussent convenablement remplies.

Fig. 149. — Lovage du câble atlantique dans l'une des cuves de la cale du *Great-Eastern.*

Dans les deux bâtiments à voiles mis à la disposition de la compagnie par l'amirauté anglaise, on avait également disposé deux énormes cuves. Les navires durent subir à cet effet, des transformations importantes. Il fallut enlever le tillac, pour placer les cuves.

Les connaissances pratiques acquises lors des premières tentatives d'immersion, avaient conduit à modifier avec avantage la nouvelle machine de dévidement, que nous avons maintenant à décrire et que représente la fig. 152, d'après l'ouvrage de M. W. H. Russel, *The atlantic Télégraph*, publié à Londres en 1866.

Fig. 152. — Appareil de dévidement du câble atlantique à bord du *Great-Eastern* (1865).

En s'élevant au-dessus de la cale, au sortir de la cuve, le câble passait dans la rainure profonde d'une roue de fer, et filait, le long d'un auget plein d'eau, jusque sur le pont. Arrivé là, il s'engageait dans les gorges de six roues verticales successives, s'enroulait quatre fois autour d'un double tambour, qui n'était autre chose que deux roues plus larges et plus hautes que les six premières ; puis dans la gorge d'une dernière roue placée au-dessus et en dehors de l'extrême poupe, et tombait enfin à la mer. Quand il passait sur les six premières roues, le câble était pressé dans la gorge de ces roues par des galets, ou petites roues, que l'on pouvait charger de poids. Les tiges recourbées que l'on voit sur la figure 152, surmontant les roues, étaient destinées à recevoir des lampes, pour éclairer les ouvriers pendant le travail de la nuit. Un appareil spécial empêchait que les tours fermés sur le tambour, ne vinssent à s'entrecroiser. La vitesse du tambour était réglée par deux freins ; celle des six roues placées en avant du tambour, par des freins particuliers. Le câble était constamment humecté d'eau, pendant son déroulement, à l'aide de pompes qui jouaient incessamment. Le dynamomètre était placé tout à fait à l'extrémité du navire. Une roue de gouvernail placée près du dynamomètre, permettait d'ouvrir et de fermer les freins du tambour avec une facilité extrême.

Cet appareil fonctionnait si doucement que, les freins étant levés, il suffisait d'une charge de 80 kilogrammes pour faire dévider le câble. M. Henry Clifford qui l'avait construit, l'avait en même temps beaucoup perfectionné.

En prévision de tous événements, un cordage de fer, long de 3 000 brasses (9 260^{m}) portant des divisions par 100 brasses, était destiné à soutenir le câble, et à y fixer une bouée, si l'on était obligé, en le coupant, de le laisser filer au fond de la mer, pour attendre un temps meilleur. Enfin, une machine spéciale placée à l'avant du navire, devait servir à relever le câble en cas de rupture, ou si un défaut venait à s'y manifester.

Le *Great-Eastern* appareilla le 15 juillet 1865, dans l'après-midi, sous le commandement de M. Anderson, l'un des capitaines les plus expérimentés de la marine marchande britannique. Tout l'équipage, y compris les ingénieurs, les électriciens et les agents des entrepreneurs, formaient un total de 500 personnes.

Le 17, il rencontra le bâtiment à vapeur *la Caroline*, qui, chargé de 50 kilomètres de câble côtier, pesant 540 tonnes, ne pouvait avancer, et il le prit à la remorque. La mer devenant mauvaise et le vent violent, on put admirer les belles qualités du *Great-Eastern*, comme bateau a vapeur.

Le jour suivant, en approchant des côtes d'Irlande, le mauvais temps se maintint. Cependant le navire filait 6 nœuds ; mais la *Caroline* roulait si lourdement, et tanguait si violemment, qu'elle excitait de sérieuses appréhensions. Enfin, le 21 juillet, les deux navires arrivèrent en vue de l'Irlande.

On y trouva les deux steamers *le Terrible* et *le Sphinx*, qui devaient escorter le *Great-Eastern* jusqu'à Terre-Neuve, pendant la pose du câble.

On procéda alors sans retard à l'immersion des 50 kilomètres de câble côtier. La *Caroline* se tenait à l'ancre à quelque distance de la côte, tandis que des embarcations transportaient à terre l'extrémité du câble, qui se déroulait à l'arrière du navire. Cette extrémité arrivée à terre, des ouvriers, dans l'eau jusqu'à la ceinture, se mirent en devoir de la haler jusqu'à l'établissement du télégraphe situé à quelque distance sur la falaise de Foilhommerum. Au bout de quelques heures, le câble entra dans la station, et fut placé dans la tranchée souterraine préparée pour le recevoir.

À 2 heures de l'après-midi, la communication fut établie entre le poste télégraphique et la *Caroline*, et ce bâtiment put se mettre en marche. À minuit, un message parti du bord, annonça que l'immersion des 50 kilomètres de câble côtier était accomplie.

Le lendemain dimanche (23 juillet), on pratiqua, à bord de la *Caroline*, le raccord de l'extrémité du câble côtier qui venait d'être immergé, avec le grand câble contenu dans les flancs du *Great-Eastern*. On commença par mettre à découvert les fils conducteurs, de part et d'autre, sur une certaine longueur ; puis on les souda ensemble, et on les recouvrit d'une couche de matière isolante. Le joint fut alors mis dans l'eau froide, et l'on s'assura par une expérience faite avec le galvanomètre, que l'isolement était parfait. Après cette épreuve, le joint fut recouvert de l'enveloppe protectrice et plongé dans l'eau de mer, pour être soumis à une nouvelle épreuve de conductibilité électrique. L'isolement ne laissant plus rien à désirer, les derniers liens qui retenaient le câble au navire, furent coupés, et le joint fut jeté dans la mer.

La mission de la *Caroline* était terminée ; celle du *Great-Eastern*commençait. Le géant des mers échangea des saluts avec les navires qui l'entouraient, et se mit en route, précédé du *Terrible* et du *Sphinx*.

Le 23 juillet, la flottille s'éloignait des côtes de l'Irlande. L'immersion du câble télégraphique se faisait avec régularité ; les agents du télégraphe qui se tenaient dans la station de Valentia, échangeaient continuellement des dépêches avec le navire voguant sur l'Océan, et suivaient sa marche avec une sollicitude facile à comprendre. L'espoir était dans tous les cœurs. Mais le 24, à 3 heures du matin, lorsqu'on avait filé 156 kilomètres de câble, le galvanomètre n'indiquant plus qu'un très-faible courant, signala ainsi l'existence d'une perte d'électricité.

Le *Great-Eastern* tire un coup de canon, pour avertir le *Terrible* et le *Sphinx*. Une vive discussion s'engage entre les différentes personnes attachées au service du câble, sur la cause probable de l'accident. Le désappointement est général, et déjà l'on déclare que, malgré les soins les plus minutieux, la perfection des instruments employés, et la science des ingénieurs venus à bord, l'entreprise ne pourra jamais être conduite à bonne fin, parce qu'une fois le câble immergé, il semble impossible de réparer ses avaries.

Continuer la route après avoir reconnu un défaut dans la conductibilité du fil, aurait été une imprudence grave. L'ingénieur électricien, M. Canning, se décida à relever la partie immergée du câble, pour la soumettre à un examen minutieux et reconnaître le point défectueux. Mais on rencontra ici des difficultés inouïes. Lorsque après un intervalle de deux heures et une longue course sous le vent, on commença à ramener à bord les premières parties du câble, on s'aperçut que la machine destinée au relèvement, qui était installée à la proue, n'avait pas la force suffisante pour cette opération. On eut toutes les peines du monde à empêcher que le câble ne fût endommagé, car le navire s'élevait et s'abaissait, entraînant avec lui le câble qui pendait à sa proue. On ne pouvait relever qu'un mille par heure ; à minuit, on n'en avait relevé encore que 11 kilomètres. Les sondages faisaient reconnaître le fond à 900 mètres.

Fig. 153. — S. Canning, ingénieur électricien du câble atlantique.

La plupart des employés étaient fermement convaincus que le défaut se trouvait près de la côte. M. Sunders et M. Varley soutenaient, au contraire, qu'il n'était qu'à 18 ou 20 kilomètres. On continua pourtant à relever le câble et à l'emmagasiner dans le même bassin d'où il avait été retiré. Le *Great-Eastern* ressemblait alors à un éléphant qui enlèverait un brin de paille avec sa trompe.

Le 25 juillet, à 9 heures 45 minutes du matin, 85 kilomètres étaient relevés. Enfin, à la grande joie de tous, on découvrit le défaut.

Un fil de fer de deux pouces de long, un peu recourbé, tranchant à son extrémité, comme s'il avait été coupé avec une pince, traversait le conducteur de part en part. Il avait pénétré dans l'enveloppe du câble, dans la gutta-percha, et jusqu'au fil central, ce qui faisait nécessairement perdre dans la mer le courant électrique.

On fit des signaux au *Terrible* et au *Sphinx*, qui répondirent par des félicitations. Puis, on se mit à l'œuvre, pour commencer l'*épissure*. On coupa la partie détériorée, et l'on pratiqua une soudure entre le bout du câble qui venait d'être repêché et celui qui était à bord. Puis on se remit en route.

La journée se passa sans encombre, le câble se déroulant avec régularité. Mais à 3 heures, voici qu'une nouvelle interruption vient jeter la consternation dans tous les esprits. Décidément, tout est perdu ! On se prépare à recommencer les opérations de la veille ; mais l'équipage est découragé et affirme que ce sera là un ouvrage de Pénélope. M. Cyrus Field lui-même, commence à se demander si son œuvre n'est pas une chimère. Les ingénieurs penchent la tête sur l'appareil électrique, placé dans une chambre obscure, lorsque soudain, l'aiguille du cadran fait un petit mouvement. Bientôt les signaux deviennent plus distincts : on triomphe. M. Canning se préparait déjà à relever le câble, lorsqu'on lui dit que tout va bien : *All right !*

Le *Sphinx* et le *Terrible*, auxquels on avait déjà communiqué la fâcheuse nouvelle, apprirent également que toutes les inquiétudes étaient dissipées.

On filait de 6 nœuds à 6 nœuds et demi. À minuit, on était à 159 kilomètres de l'Irlande ; 187 kilomètres de câble se trouvaient immergés.

Le mercredi 26 juillet, on était à 592 kilomètres de l'Irlande ; le jeudi 27, à 881 kilomètres : 985 kilomètres de câble étaient immergés.

Le samedi 29 juillet, rien d'extraordinaire dans la matinée. Mais vers 1 heure, la communication est de nouveau interrompue. On avait alors filé 1 311 kilomètres de câble, et l'on se trouvait sur un fond de 3 700 mètres. Il fallut recommencer à retirer le câble de l'eau.

Le lendemain, après avoir relevé deux milles un quart, on trouva la cause de l'accident, et l'on put couper et réparer le câble endommagé.

La découverte de cette cause produisit une impression des plus pénibles. C'était la répétition du même accident découvert quatre jours auparavant. Il y avait une incision très-visible dans l'enveloppe de chanvre qui entourait le conducteur. En dépouillant le chanvre, de façon à mettre à jour les fils intérieurs, on trouva un morceau de fil de fer introduit de force à travers la gutta-percha, de manière à percer le câble de part en part. L'un des bouts de ce morceau de métal semblait avoir été coupé avec un instrument tranchant ; l'autre bout présentait une cassure grossière, et son diamètre correspondait exactement au diamètre du fil de fer qui formait l'enveloppe extérieure. C'était évidemment un morceau de fil de fer de l'enveloppe, et l'on ne put s'empêcher de soupçonner dans ce fait l'œuvre de quelque ennemi intéressé du câble, ou celle de quelque malfaiteur insensé.

M. Canning montra le câble aux ouvriers, qui reconnurent que le mal ne pouvait pas avoir été produit par un simple accident. Les ouvriers qui composaient l'équipe quand ce défaut fut reconnu, étaient, d'ailleurs, les mêmes qui en faisaient partie au moment où le premier accident avait eu lieu, le 25 juillet. On s'empressa, malgré leurs protestations, de changer ces ouvriers en leur commandant d'autres travaux sur le pont.

Il est assez étrange de lire ensuite, dans l'ouvrage de M. W. H. Russel, auquel nous empruntons tous ces détails,[1] que le troisième accident, dont nous allons parler, se produisit encore lorsque la même équipe était de service.

Nous arrivons au dernier et fatal accident, qui fit échouer cette gigantesque entreprise.

C'est le 2 août, vers le milieu du jour, lorsque les deux tiers de

1 *The atlantic Telegraph*, by W. H. Russell. London, 1866, in-8°, illustrated.

la route maritime étaient parcourus (on avait déjà filé 2 244 kilomètres de câble), que l'on reconnut, pour la troisième fois, une interruption des communications. On espérait pouvoir réparer le défaut avec le même succès que les deux premières fois. Trois kilomètres de câble étaient déjà relevés ; on les passait de l'avant à l'arrière, sur une plate-forme en fer qui était à la poupe ; mais les machines à vapeur et les chaudières ne fonctionnaient pas suffisamment, et la tension de la corde était énorme. Tout à coup, le câble, dont l'armature était usée par le frottement contre les haussières, se brisa. Cassé à 10 mètres de l'avant du vaisseau, il retomba à la mer, de toute la violence de son poids.

Ce n'était plus une interruption de conductibilité, mais une rupture complète du fil. Le désespoir de tous était poignant ! Tant de soins, tant de peines perdus en un instant ! Malgré tant d'efforts et de travaux, on n'avait pu parvenir à mener l'entreprise à bonne fin !

M. Canning essaya de rendre quelque confiance à l'équipage : il décida qu'on tenterait immédiatement de repêcher le câble rompu. C'était une tentative bien incertaine, car on n'avait jamais dragué à une telle profondeur, c'est-à-dire à 3 600 mètres. En supposant, d'ailleurs, que l'on pût accrocher le câble, il était presque impossible que les chaînes supportassent un tel poids sans se briser.

Cependant, un grappin de fer fut lancé à la mer avec 4 600 mètres d'une chaîne, qui n'était pas tout d'une pièce, mais formée de diverses parties réunies par des anneaux en fer, afin d'éviter les effets de torsion sur une pareille longueur. Le *Great-Eastern* revint sur ses pas, laissant traîner son grappin, et courant de petites bordées, perpendiculaires à la direction suivie pendant la pose.

Au bout de quinze heures de cette manœuvre, l'aiguille du dynamomètre et la tension de la chaîne, firent reconnaître que le grappin avait saisi le câble. On peut s'imaginer les soins et les précautions qui furent employés pour l'opération du relevage.

Une moitié au moins de la chaîne du grappin était déjà à bord, quand un de ses anneaux se brisa ! Il y avait de quoi décourager les plus énergiques, d'autant plus que le brouillard commençait à se former. On n'eut que le temps de descendre une bouée, pour avoir un point de repère sur la mer.

Fig. 154. — Le *Great-Eastern* lançant une bouée à la mer, pour fixer la place du câble atlantique perdu.

Après le brouillard, vint le gros temps. Malgré sa vapeur, le *Great-Eastern*chassait sous le vent. Cependant, il se comportait admirablement à la vague. Pendant que les deux steamers de l'Etat qui le convoyaient, semblaient disparaître sous les lames, il soutenait les coups de vent sans ébranlement sensible.

Ce ne fut qu'au bout de trois jours, le lundi, 9 août, que l'on put retrouver la bouée. On se mit de nouveau à l'œuvre. Le grappin s'empara encore du câble, qui fut alors hissé à bord, avec un redoublement de précaution. Il s'était élevé lentement d'un mille et demi, quand un anneau de la chaîne se brisa encore.

On recommença les mêmes expériences trois jours après, le jeudi 12 août, mais sans plus de succès. Des fragments du grappin furent enlevés par le frottement de l'armature du câble.

Sans se laisser décourager par tant d'échecs, les ingénieurs et les mécaniciens du *Great-Eastern* essayèrent une quatrième tentative ; et elle ne fut pas plus heureuse. Le câble fut encore ressaisi et tiré à bord sur une longueur de 550 mètres ; mais pour la quatrième fois la chaîne de fer se rompit sans que l'extrémité du câble fût parvenue jusqu'à la surface de l'eau pendant aucune de ces tentatives.

Enfin, après avoir épuisé tout ce qu'il avait à bord de cordes et de chaînes, le *Great-Eastern* renonça à l'entreprise et cingla vers l'Angleterre, où l'on croyait qu'il s'était perdu, corps et biens. Avant de quitter définitivement le théâtre de ce drame maritime, témoin de tant d'efforts et de travaux inutiles, M. Canning fit jeter à la mer une seconde bouée(*fig.* 155). Déjà au moment où la chaîne s'était brisée une première fois, on avait lancé à la mer, comme nous l'avons dit, une bouée, pour marquer le lieu de l'événement.

Fig. 155. — Bouée fixant la place du câble atlantique perdu.

On suppose que l'épi de fil de fer trouvé traversant le câble de part en part, s'était formé par la rupture d'un fil de fer de l'enveloppe, pendant l'enroulement du câble dans les grandes cuves de tôle de la cale du *Great-Eastern*, ou pendant son déroulement sur le tambour de fer, au moment de l'immersion. D'autres ont pensé que l'introduction de ce corps étranger était volontaire, et due à une malveillance qui ne saurait être trop flétrie.

Telle fut la triste fin de la campagne de 1865. Cette expérience, grandiose autant que coûteuse, avait au moins démontré que le modèle de câble adopté était excellent ; que son isolement ne laissait rien à désirer, et que sa résistance avait été parfaitement calculée. On avait également reconnu que le *Great-Eastern* était bien le navire qui convenait à une telle opération. Enfin, on avait vu qu'il était possible de retirer un câble dans des fonds de près de 4 000 mètres, et qu'il ne se brise ni par son poids ni par une secousse, quand la marche du navire est réglée et que tout est prévu pour éviter un frottement trop violent contre le bordage. C'étaient là des faits acquis, incontestables, mais ils avaient été trop chèrement payés.

La faute principale qui fut commise dans l'expédition de 1865, fut d'avoir négligé d'employer des grappins et des amarres d'une force proportionnée au poids du câble immergé. L'appareil de déroulement et d'immersion du câble avait très-bien fonctionné ; mais les machines destinées à relever ou à rechercher le câble rompu, étaient restées au-dessous de leur tâche.

CHAPITRE XIV

DERNIÈRE ET HEUREUSE CAMPAGNE DE 1866. — POSE DU CÂBLE AU MOIS D'AOUT 1866. — LE CÂBLE DE 1865 EST REPÊCHÉ PAR LE GREAT-EASTERN.

Après ce fâcheux échec, M. Cyrus Field revint immédiatement en Angleterre, pour commander un nouveau câble, et faire préparer tout ce qu'il faudrait pour relever l'ancien, car les officiers de marine se faisaient fort de le retrouver dans les profondeurs de l'Océan.

Ainsi le découragement n'avait pas atteint une seule minute ces vaillants ouvriers. C'était maintenant deux conducteurs au lieu d'un, que l'on voulait établir entre les deux mondes ! Seulement, l'argent manquait ; il fallait faire souscrire au plus vite, un nouveau capital de 15 millions ; car la loi anglaise ne permettait à la compagnie, ni d'augmenter ce capital, ni même de contracter un emprunt. Heureusement, deux riches capitalistes apportèrent le tiers des fonds avant qu'aucun appel n'eût été fait à de nouveaux actionnaires. M. Glass, d'un autre côté, commença la construction du câble, avant d'avoir reçu aucune avance.

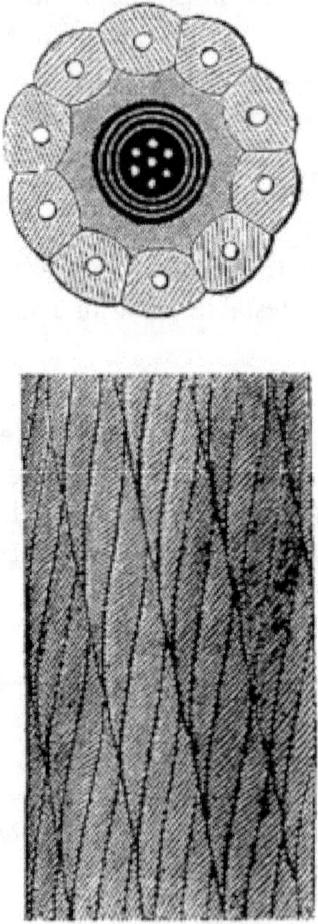

Fig. 156. — Câble atlantique de 1866 (grandeur naturelle).

Pour établir deux conducteurs télégraphiques entre Terre-Neuve et l'Irlande, en profitant du câble qui reposait au fond de l'Océan, la distance à parcourir était de 4 800 kilomètres. Il restait dans les ateliers de Greenwich 2 000 kilomètres du câble de 1865. On en fit confectionner 3 500 kilomètres neufs, ce qui donna un excédant de 25 pour 100 sur la route à faire.

Le nouveau câble qui fut construit, et que représente la figure 156, était plus léger et un peu plus flexible que celui de 1865.

Il différait peu d'ailleurs de celui de 1865. Son noyau intérieur se compose d'un faisceau de sept fils de cuivre, dont six sont enroulés autour du septième. Chaque fil de cuivre a 3^{mm},6 de diamètre.

Le fil central, autour duquel étaient enroulés les autres fils de cuivre, a été préalablement enduit d'une couche de gutta-percha, rendue visqueuse par l'adjonction du *mastic de Chatterton*, qui, remplissant tous les interstices, a pour objet d'augmenter la solidité de la corde métallique et d'empêcher les fils de ballotter à l'intérieur.

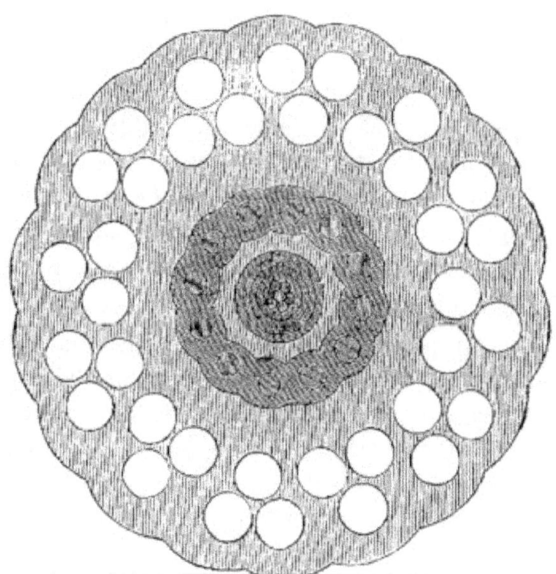

Fig. 157. — Portion côtière du câble atlantique de 1866 (grandeur naturelle).

Cette première corde métallique est enveloppée de quatre couches de gutta-percha, alternant avec autant de couches de *mastic Chatterton*. Le poids de cette enveloppe isolante est de 98 kilogrammes par kilomètre.

L'enveloppe protectrice extérieure est formée de dix solides fils de fer, légèrement galvanisés, de 2^{mm},5 de diamètre. Chaque fil est entouré séparément d'une gaine formée par cinq fils de chanvre de Manille, ces fils s'enroulent en hélice autour de l'âme du câble, bourrée encore d'une couche intermédiaire de*jute*, matière textile tirée des Indes.

Le diamètre total du câble s'élève ainsi à 27 millimètres. Son poids dans l'air est de 865 kilogrammes par kilomètre, et dans l'eau de 400 kilogrammes. Il faudrait, pour le briser, employer un effort représenté par 8 tonnes et quart (8 250 kilogrammes).

Le *câble de côte* pour les rivages d'Irlande et de Terre-Neuve, était deux fois et demie plus gros que le câble ordinaire. Il se composait d'une double ceinture de fils de fer, séparées par une gaîne de gutta-percha. La figure 157 représente ce câble côtier.

Malgré son énorme capacité, le *Great-Eastern* n'aurait pu recevoir le câble entier, avec le supplément préparé en prévision de la seconde ligne à compléter. Pour loger une partie de l'ancien câble qui restait dans les ateliers de Greenwich, et qui devait se souder au câble en ce moment endormi sous les eaux de l'Océan, on fréta deux bâtiments à vapeur, la *Medway* et l'*Albany*. Le câble de côte pour le rivage d'Irlande, fut placé sur le *William Cory* ; le câble côtier destiné à Terre-Neuve, était porté par la *Medway*.

Quelques réparations furent faites au *Great-Eastern*. On le munit d'un appareil qui permettait de rendre en quelques minutes, les deux roues indépendantes l'une de l'autre, afin que le navire pût tourner rapidement sur lui-même, comme sur un pivot. On diminua la dimension des roues, afin de réduire sa vitesse, qui avait paru trop grande pour le cas d'immersion dans une mer profonde. Sa vitesse maximum fut fixée à six nœuds, un peu moins que sa vitesse moyenne en 1865.

L'appareil pour le déroulement du câble, était le même qui avait servi en 1865 ; on l'avait seulement muni d'un système d'engrenage qui avait pour objet de renverser rapidement le sens du mouvement, de manière que les mêmes poulies, freins, etc., qui servaient à immerger le câble, fussent propres, en cas de besoin, à le retirer de la mer et à le ramener dans le navire.

Quant à l'appareil spécial de relèvement, qui s'était montré insuffisant en 1865, on le renforça beaucoup à l'avant. On le munit de deux tambours de 1^{m},70 de diamètre ; chaque tambour était mis en mouvement par une machine à vapeur de la force de 40 chevaux.

Des machines de relèvement furent également placées à bord de la *Medway* et l'*Albany*.

Le dragage, qui n'avait été en 1865, qu'une opération imprévue et secondaire, devait jouer, cette fois, un rôle essentiel, puisqu'il s'agissait d'aller retirer l'ancien câble de la profondeur de près de 4 000 mètres où il gisait. Aussi avait-on rassemblé tout un arsenal de grappins et de cordages. Ces cordages étaient tressés en fil de l'acier le plus résistant, recouverts de chanvre de Manille, et formant un tout de 6 centimètres de diamètre, qui pouvait supporter un poids de trente tonnes.

Il y avait trois espèces de grappins : les uns disposés simplement de manière à labourer le fond de la mer, pour y accrocher le câble ; les autres en forme de pince, destinés à le saisir plus fortement quand il serait soulevé. D'autres, en forme de calotte, étaient amincis à leur bord circulaire de manière à présenter un tranchant d'acier assez puissant pour couper le câble (*fig.* 158). On avait ainsi prévu tous les cas. Admettons, en effet, qu'avec un des grappins du premier genre, un des navires, la *Medway*, par exemple, eût accroché le câble et l'eût soulevé ; alors un autre navire plus puissant, le *Great-Eastern*, lançant un grappin de la seconde espèce, saisirait fortement le câble et le maintiendrait comme dans un étau. Enfin un troisième navire, l'*Albany*, arrivant par derrière, et lançant un grappin à tranchant, qu'agiteraient à force de bras les gens de l'équipage, pourrait frapper, scier le câble soulevé, et le couper à peu de distance du *Great-Eastern*. Ce dernier navire pourrait alors procéder plus facilement au relèvement du câble, dont l'extrémité serait libre et ne lui opposerait plus de résistance. Le plan de toutes ces opérations avait été dressé de longue main par M. Canning.

Fig. 158. — Bouées et grappins employés pour relever le câble perdu en 1865.

On avait beaucoup commenté cet accident, si petit dans sa cause, si désastreux dans ses conséquences, des deux épis de fer qui s'étaient trouvés traversant le câble de part en part, et l'on ne pouvait s'empêcher d'y voir l'œuvre de la malveillance. Pour empêcher le renouvellement d'une pareille forfaiture, on avait choisi, pour travailler à bord du *Great-Eastern* et des trois autres navires, les hommes les plus connus et les plus dévoués. Pour plus de sûreté, on les avait revêtus de camisoles de toile se boutonnant par derrière, et dépourvues de toute espèce de poche, qui permît de cacher le plus petit bout d'instrument. Enfin on les avait prévenus, et ils avaient souscrit à cette clause draconienne, qui, assurément, n'aurait jamais été exécutée, que l'auteur de la moindre tentative coupable serait immédiatement jeté par-dessus le bord.

Au mois de juin 1866, le nouveau câble était terminé et enroulé dans les bassins du *Great-Eastern*, qui mouillait, à cet effet, dans les parages de Sheerness, à l'embouchure de la Tamise, près de l'île de Sheppey, peu distante de l'usine de Greenwich, où le câble se fabriquait.

Le 30 juin à midi, heure et jour qui avaient été fixés six mois à l'avance, le*Great-Eastern* quitta Sheerness pour se rendre en Irlande. Il entra dans la baie de Bantry, pour compléter, à Berehaven, son approvisionnement en charbon, en vivres, animaux de boucherie, viande salée, etc., cargaison de victuailles sans laquelle un équipage anglais ne répondrait de rien. On s'occupait, en outre, de l'examen des machines : elles furent essayées tous les jours, pour donner la certitude de leur fonctionnement irréprochable.

Le 12 juillet 1866, à une heure et demie, l'immense navire quittait la baie de Bantry pour se rendre à Valentia. Il était précédé du *Terrible*, vaisseau de 21 canons, et des navires à hélice le *Medway* et l'*Albany*, qui jaugent chacun 1 800 tonneaux. Le *Raccoon*, autre navire à vapeur de la marine royale, l'accompagnait de près.

Depuis cinq jours déjà, le câble côtier avait été posé à Valentia, par le *William Cory*, et fixé à la station télégraphique de l'Irlande. Une bouée marquait la place où finissait, en mer, le câble côtier. Le *Great-Eastern* et les navires qui l'accompagnaient, allèrent rejoindre cette bouée, qui flottait à 50 kilomètres du rivage. Quand on l'eut atteinte, le câble côtier fut hissé à bord du *Great-Eastern*. On s'occupa immédiatement de le souder au grand câble atlantique contenu dans les flancs du *Great-Eastern*.

Le vendredi, 13 juillet, à 3 heures 20 minutes du soir, le dévidage de ce grand conducteur transatlantique commença, aux acclamations enthousiastes et au milieu des *hourrah !* des équipages des cinq navires.

On comptait employer 3 630 kilomètres de câble depuis Valentia jusqu'à Terre-Neuve, pour une distance réelle de 3 100 kilomètres, augmentée d'environ 17 pour 100 par les sinuosités du fond. Les 1 415 kilomètres restants, devaient servir à la terminaison de la ligne de 1865, interrompue par la rupture du câble, qui était arrivée, comme nous l'avons dit, à environ 700 milles de Terre-Neuve. Il était convenu qu'aussitôt le nouveau câble posé, le *Terrible* et l'*Albany* iraient a la recherche de l'extrémité de l'ancien câble perdu en 1865, pour tâcher de le repêcher, et que le *Great-Eastern* les suivrait, pour achever la pose de ce dernier câble, abandonné, depuis un an, au fond de la mer.

La vitesse maximum du *Great-Eastern* était fixée à six nœuds, un peu moins que la vitesse moyenne de 1865.

La route que l'on suivait, était parallèle, à 50 kilomètres plus au sud, à celle qui avait été suivie en 1865.

Le samedi 14 juillet, vers 2 heures du matin, M. Canning, reçut un télégramme, daté de Valentia, transmettant à l'équipage du *Great-Eastern* la chaleureuse expression des sympathies du peuple irlandais, qui avait tenu un meeting, dans le but de prier pour le succès de cette grande entreprise. M. Canning répondit, par la même voie, que tout allait bien, et qu'on remerciait les auteurs de ce gracieux message.

À midi, on se trouvait à 250 kilomètres de Valentia, et l'on avait déjà coulé 263 kilomètres de câble.

Le samedi 15 juillet, le temps continua d'être aussi favorable que la veille. Tout l'équipage se sentait rempli de confiance dans le succès de la nouvelle tentative, bien que chacun eût encore présents à l'esprit les revers de 1865.

Le *Great-Eastern* continuait de recevoir, par le câble qu'il était en train de dérouler, des nouvelles d'Europe. On était alors au moment de la guerre entre l'Autriche et l'Italie, et le *Great-Eastern* reçut de Valentia, par le câble, une dépêche annonçant le mouvement que le général italien Cialdini exécutait sur Rovigo.

Ainsi, les passagers du *Great-Eastern*, tout en accomplissant leur merveilleuse besogne, étaient informés, en plein Océan, tout aussi bien que Londres et Paris, des mouvements des armées sur le continent !

Tout en transmettant cette dépêche, on ne cessa pas d'observer les signaux indiquant l'état de l'isolement du câble. C'était là un progrès réalisé depuis l'année précédente, et voici comment. En 1865, la besogne de chaque heure était divisée en deux parties : une demi-heure était employée à observer l'isolement du fil au fur et à mesure qu'on le jetait à la mer ; pendant la demi-heure suivante on s'assurait de la résistance électrique et de la bonne conductibilité des fils. Mais pendant ce temps, on était forcé de suspendre l'examen de l'état de l'isolement du câble, et d'un autre côté, il était impossible de transmettre des dépêches à la côte, pendant qu'on faisait cette observation. En 1866, on avait pris les dispositions nécessaires pour observer l'isolement sans aucune interruption, de sorte qu'on n'avait plus à craindre de laisser passer un seul point défectueux du câble pendant sa pose.

À des moments déterminés, on faisait à la station de Valentia le signal indiquant que la conductibilité du fil était parfaite. Les signaux étaient empruntés à un vocabulaire télégraphique composé spécialement pour cette expédition.

Dans la journée arriva une nouvelle dépêche expédiée d'Irlande, et annonçant les victoires de la Prusse, suivies de la cession de Venise à la France, par l'Empereur d'Autriche. Cette nouvelle fut publiée dans le journal lithographié, le *Great-Eastern-Telegraph*, qui paraissait chaque soir, à bord, et qui contenait les nouvelles d'Europe, émaillées de quelques bons mots et traits d'esprit britannique, dus à la collaboration de l'équipage.

Non-seulement le *Great-Eastern* recevait tous les jours des nouvelles politiques ou militaires de l'Europe, mais encore il recevait l'heure astronomique de Greenwich, qu'il signalait ensuite aux navires formant son escorte, pour vérifier leurs chronomètres.

Le 15, à midi, la distance parcourue depuis l'Irlande était de 487 kilomètres et la longueur du câble filé de 507 kilomètres.

Le lundi 16 juillet, tout allait encore à souhait. Le temps était toujours beau, la mer calme. La vitesse moyenne avait été, la veille, de cinq nœuds, la profondeur moyenne de la mer, d'environ 3 657 mètres. La position du navire en latitude et en longitude, était observée par plusieurs officiers, chaque fois que le soleil venait à se montrer, et les résultats en étaient transmis aux navires du convoi.

Des nouvelles d'Europe arrivèrent plusieurs fois dans la journée. Elles annonçaient l'incendie de Portland, l'éruption du choléra à Liverpool et de la fièvre jaune à la Véra-Cruz, la suspension des payements de la Banque de Birmingham, etc. Les premiers pas du télégraphe atlantique portaient déjà l'empreinte des misères de la vie humaine et de la société !

À midi, on était à 700 kilomètres de l'Irlande, et la longueur du câble filé était de 778 kilomètres, c'est-à-dire une longueur de 111 pour 100 de la distance des deux points en ligne droite.

Pendant toute cette journée, la surface de l'Océan était si calme, si unie qu'on voyait s'y réfléchir l'image de la mâture des navires, spectacle inusité dans ces parages. Des troupeaux de marsouins prenaient paisiblement leurs ébats autour du *Great-Eastern.* La lune était dans son premier quartier. À mesure que son croissant s'arrondissait, le *Great-Eastern* approchait de sa destination, et la pleine lune devait éclairer l'entrée de l'expédition dans le port de Terre-Neuve.

Fig. 159. — Le *Great-Eastern.*

L'équipage accueillit les heureux présages fournis par l'état favorable de la mer et du ciel, avec un bonheur dont la vivacité était néanmoins tempérée par le souvenir des échecs subis l'année précédente.

À 8 heures du matin, on avait déroulé et jeté au fond de l'Océan, toute la partie qui avait été conservée du câble de 1865, pour servir à la nouvelle expédition, et l'on commençait à la faire suivre du câble nouvellement fabriqué à Greenwich.

À midi, la distance parcourue était de 868 kilomètres : on avait dépensé 1 033 kilomètres de câble. La profondeur moyenne des eaux était de 3 600 mètres, le vent soufflait du sud.

Le mercredi, 18, fut marqué par un accident qui faillit compromettre le succès de l'opération.

On avait, depuis la veille, une brise fraîche du sud, une mer moyennement calme, un ciel très-chargé, et de temps à autre, une pluie légère. À 5 heures et demie du soir, la cloche d'alarme se fit entendre de la cabine électrique des physiciens. En un clin d'œil, tout le monde fut à son poste, et les chefs de service arrivaient auprès des machines. Mais ils trouvèrent ces machines fonctionnant très-bien.

Hâtons-nous de dire qu'il n'y avait eu qu'une fausse alerte. L'un des ingénieurs avait, par accident, touché au ressort du battant de la cloche.

À minuit et demi, seconde alarme, plus sérieuse, cette fois. Environ 150 mètres du câble, dans un enchevêtrement complet, formaient d'inextricables nœuds. Pendant le dévidement, plusieurs tours du câble enroulés dans le bassin, avaient été soulevés et entraînés avec la partie déjà déroulée. Tout ce fouillis allait passer sur l'arrière, d'où le câble descendait à la mer. On arrêta le navire ; M. Canning fit préparer, à tout hasard, les bouées, et l'équipage se mit à l'œuvre, pour essayer de débrouiller les nœuds du câble, au milieu d'une pluie furieuse et d'un vent qui soufflait avec rage.

Jamais pêcheur à la ligne ne trouva son engin dans un pareil état de complication. Pendant longtemps on désespéra de défaire ces nœuds gordiens. Mais la patience des ouvriers devait encore triompher de cet obstacle. Suivant les replis du câble jusqu'à leur origine, les passant à l'avant et à l'arrière, ils finirent par arriver à l'origine des nœuds. Pendant ce temps, le capitaine Anderson ne quittait pas le gouvernail. Il s'efforçait, malgré le mauvais temps et l'état défavorable de la mer, de maintenir la poupe du gigantesque navire au-dessous de l'extrémité du câble, pour éviter de le tendre et de le briser. Enfin, à 2 heures du matin, le signal arriva, de l'arrière du *Great-Eastern*, que tout était remis en ordre (*all right !*) et qu'on pouvait continuer la pose. Les ouvriers avaient enfin réussi à démêler les plis enchevêtrés du câble.

Pendant le temps que dura cette interruption, le plus grand ordre avait régné à bord. Chacun faisait son devoir en silence, et avec un zèle digne des plus grands éloges.

À 6 heures de l'après-midi, on avait reçu d'Irlande, par le câble, qui avait déjà une longueur de plus de 1 110 kilomètres, une dépêche, composée de cent trente-six mots, qui furent transmis en une heure et demie, à raison d'un mot et demi par minute, sans la moindre erreur, et sans interrompre l'observation de l'isolement électrique du conducteur.

On parvint, ce jour-là, à 1 112 kilomètres de l'Irlande, avec une dépense de 1 263 kilomètres de câble (sinuosité moyenne, 14 0/0).

La vitesse fut maintenue, le 18 et le 19, à 4 nœuds 1/2, pour ne rien précipiter, car le temps devenait de plus en plus gros et le roulis très-sensible. Le *Great-Eastern* avait embarqué 7 000 tonneaux de charbon, et il n'en consommait que 100 tonneaux par jour.

L'opération de la pose continua avec un plein succès. Pendant la journée du 19, on arriva à 1 320 kilomètres de l'Irlande. La profondeur moyenne de la mer était de 4 000 mètres.

Le vendredi 20, la mer s'apaisa presque entièrement, et le vent tourna peu à peu au nord. Dans la nuit, on avait achevé de vider le bassin, ou réservoir, de l'arrière du *Great-Eastern*, contenant une partie de câble, et l'on avait entamé le bassin de l'avant. Depuis ce moment, le câble passait donc sur toute la longueur du pont (150 mètres) avant d'arriver à la machine, installée à la poupe du navire, d'où il descendait dans la mer. Sur tout ce parcours, il était éclairé, la nuit, par des lampes placées sous la surveillance de gardiens spéciaux. Un feu vert signalait la *marque milliaire* du câble, c'est-à-dire le chiffre de sa longueur dès qu'il sortait du réservoir ; un feu rouge devait signaler un danger quelconque. Pendant le jour, les lampes étaient remplacées par des drapeaux bleus et rouges.

Toute la nuit, la mer fut belle et unie comme un miroir. Le 20, à midi, on se trouvait à mi-chemin entre l'Irlande et Terre-Neuve.

C'est ici que les deux navires chargés du câble en 1858, s'étaient séparés, pour en commencer l'immersion, en se dirigeant l'un vers l'Europe, l'autre vers l'Amérique. Le *Great-Eastern* tenait le large depuis une semaine ; le résultat était donc plus satisfaisant qu'en 1865, où deux accidents survenus les 24 et 29 juin, avaient retardé de cinquante-six heures le moment où l'expédition était arrivée à mi-chemin entre la station d'Europe et celle de Terre-Neuve.

La confiance de l'équipage était complète ; une gaieté, facile à comprendre, régnait à bord. Les nouvelles d'Europe continuaient d'arriver avec une régularité admirable : nouvelles commerciales et nouvelles politiques, qui, dans ce moment, étaient remplies d'intérêt, et bien dignes d'obtenir les prémices du câble atlantique. Les employés du télégraphe du bord du *Great-Eastern*, et les stationnaires de Valentia, avaient donc toutes sortes de bonnes occasions de s'exercer au maniement des appareils.

À 11 heures un quart, M. Cyrus Field expédia une dépêche du *Great-Eastern* à Liverpool, en Angleterre ; et à 2 heures 12 minutes de l'après-midi, il avait reçu la réponse. L'échange de ces dépêches avait demandé trois heures à peine.

Le 21 juillet, l'expédition était à 1 763 kilomètres de Valentia, avec une profondeur d'eau de 3 292 mètres ; la longueur du câble filé était de 1 989 kilomètres. Le câble touchait ordinairement la surface de l'eau à une distance de 70 mètres du bord.

Le lendemain, dimanche, la pose continua avec le même succès. L'isolement du câble était parfait. Au départ de Sheerness, la résistance de la gutta-percha avait été trouvée de 800 millions d'*unités Siemens* par nœud ; elle s'était accrue jusqu'à 1 900 millions d'unités, grâce à la basse température du fond de la mer. Les employés du télégraphe du bord, déclaraient que, si tout allait aussi bien jusqu'à la fin, le câble pourrait transmettre sept ou huit mots par minute.

À midi, on se trouvait déjà à 1 992 kilomètres de Valentia, avec une profondeur d'eau de 3 550 mètres. Entre 6 et 7 heures, on passa sur la plus grande profondeur de la ligne actuelle, sans que la tension du câble dépassât les limites prévues.

Le 23 juillet, vers midi, M. Cyrus Field demanda en Irlande, les dernières nouvelles de la Chine et de l'Inde, afin de pouvoir les publier toutes fraîches en Amérique, lors de l'arrivée prochaine du *Great-Eastern* à Terre-Neuve. Au bout de huit minutes, il recevait la réponse : « Votre demande vient d'être expédiée à Londres. »

À midi, on était à 2 215 kilomètres de Valentia, à 874 kilomètres de Terre-Neuve ; la profondeur était de 3 750 mètres. Le lendemain, 24, tout allait comme à l'ordinaire. Les seuls incidents de la journée étaient le déjeuner et le dîner. Le couvert était mis, chaque jour, pour cinq cents personnes. La pluie, qui tombait toujours, n'eut pas le pouvoir de diminuer la gaieté de l'équipage, qui ne demandait que deux ou trois jours encore d'une aussi heureuse monotonie.

À midi, la distance parcourue était de 2 445 kilomètres, et celle à parcourir de 648 kilomètres. La profondeur de l'eau était de 4 070 mètres : le câble avait donc une lieue à descendre avant de toucher le fond de la mer !

Le lendemain, mercredi, 25, brume épaisse et pluie abondante. C'était, d'ailleurs, le temps auquel on devait s'attendre en approchant des bancs de Terre-Neuve. Les navires ne se distinguaient pas les uns les autres dans la brume. Le canon et le sifflet des machines à vapeur, étaient les seuls moyens de communication.

Le 26, au point du jour, on pensait apercevoir bientôt une frégate américaine, qui devait être envoyée à la rencontre de l'expédition, afin de guider le *Great-Eastern* à la baie de la Trinité, à Terre-Neuve. Dans la crainte que la brume n'empêchât les navires de s'apercevoir ou de se reconnaître, l'*Albany*, le *Terrible* et le *Medway*, reçurent l'ordre de s'échelonner sur la route de Terre-Neuve, en avant du *Great-Eastern*, pour assurer sa marche à travers la brume.

Le 26, à midi, on n'était qu'à 200 kilomètres de Terre-Neuve. La profondeur de l'eau n'était plus alors que de 240 mètres. Le succès de l'opération était, dès ce moment, assuré ; car, lors même que le câble se serait rompu dans ces parages, il aurait été facile de le repêcher.

Aussi recevait-on de Valentia des télégrammes de félicitation.

L'*Albany* trouva une frégate américaine placée à l'ancre, à l'entrée de la baie de la Trinité, et attendant le *Great-Eastern*, Il revint, accompagné d'un bateau à vapeur anglais, qu'il avait aussi rencontré.

Dans l'après-midi, on aperçut, à environ 20 kilomètres au sud, une énorme montagne de glace flottante, dont la rencontre fut évitée sans peine.

Le 27, à 6 heures du matin, on n'était plus qu'à 18 kilomètres de Terre-Neuve, qu'un brouillard épais cachait aux regards de l'équipage.

Vers 8 heures, ce brouillard se dissipa comme par enchantement : le *Great-Eastern* entrait dans le havre de *Heart's-Content* (Contentement du cœur). Ce nom, d'heureux augure, désigne une petite anse de la baie de la Trinité qui avait été choisie pour recevoir l'atterrissement du câble océanien. *Heart's-Content*était, en ce moment, paré et décoré comme pour une fête internationale. Le pavillon de l'Angleterre et celui des États-Unis flottaient au haut du clocher de l'église et du toit de la station télégraphique, pour saluer l'entrée de l'expédition triomphante.

Ici l'opération du *Great-Eastern* était terminée. La longueur du câble qu'il avait déroulé au fond de la mer, était de près de six cents lieues de quatre kilomètres. On le coupa, et le *Medway* se disposa à y souder le câble de côte, destiné à le terminer sur le rivage de Terre-Neuve.

Quand le *Great-Eastern* fut entré dans l'anse de *Heart's-Content*, quand il eut jeté les ancres, un flot de visiteurs indigènes commença à envahir le géant des navires, qui avait si heureusement vidé ses flancs. Pendant ce temps, une foule innombrable stationnait sur le rivage, pour assister au débarquement du gros câble de côte, qui était encore à bord du *Medway*, et qui devait compléter le télégraphe transatlantique. Cette opération fut faite sans la moindre difficulté, et la communication électrique entre l'ancien et le nouveau monde fut complètement établie.

Tels sont les épisodes, heureusement simples et peu nombreux, qui ont accompagné cette opération admirable, l'une des plus grandioses assurément qu'ait encore enregistrées l'histoire des sciences et de la civilisation.

Le soir du vendredi 27 juillet, le rivage de *Heart's-Content* présentait un spectacle admirable. La terre et la mer avaient un air de fête tout à fait insolite pour ces régions hyperboréennes. Retenu solidement par ses ancres gigantesques, le *Great-Eastern* se balançait tranquillement sur les eaux profondes de la baie de *Heart's-Content*, au milieu de son fidèle cortège de navires, comme un patriarche entouré de sa famille. Une armée de canots et de petits bâtiments de transport, l'entouraient, et portaient à son bord les habitants de la côte, curieux de l'examiner. Des groupes de visiteurs stationnaient sans cesse devant les machines et les appareils qui avaient servi à la pose du câble. Mais le rendez-vous principal était dans le grand salon des passagers, dont le luxe et le comfort excitaient l'admiration de cette population, peu habituée aux splendeurs de notre civilisation raffinée. Les dames de *Heart's-Content*, profitaient de cette occasion extraordinaire pour étaler leurs toilettes dans un salon parqueté et décoré à la mode de Londres. Quelques-unes faisaient résonner les cordes du piano. — Quel est, hélas ! le coin du monde, le sauvage désert où n'ait pas pénétré le fléau du piano-forte ?

Aujourd'hui, les dépêches électriques arrivent de New-York, avec une régularité qui ne laisse rien à désirer. On parvient à transmettre six mots par minute. L'isolement atteint déjà le chiffre de 2 300 millions d'*unités Siemens*, et les ingénieurs anglais ne doutent pas de la permanence de cet état de conductibilité si satisfaisant. Les signaux télégraphiques qui composent les dépêches, consistent simplement, comme nous l'avons dit, en des déviations de l'aiguille aimantée, dont les excursions à droite et à gauche ne dépassent pas 6 millimètres. Les déviations à gauche représentent les traits, les déviations à droite, les points de l'alphabet de Morse.

Ces déviations de l'aiguille aimantée sont amplifiées et projetées, par un petit miroir métallique, sur un tableau placé dans l'obscurité. Cet appareil porte le nom *Galvanomètre à réflexion de Thomson* ; nous l'avons décrit plus haut.

Nous avons dit également que pour détruire le courant d'induction de l'armature qui résulte du passage du courant principal dans le fil central du câble, on change, à chaque instant, la nature de l'électricité envoyée dans le conducteur, ce qui a pour effet de neutraliser et de détruire l'électricité rémanente dans l'armature ; l'électricité positive envoyée par l'appareil, détruit l'électricité négative qui reste dans l'armature. Il nous reste à ajouter que M. Varley a fait adopter un autre système. Il consiste à faire arriver l'électricité qui parcourt le câble, dans un condensateur de grande dimension, sorte de bouteille de Leyde placée aux deux stations extrêmes d'Irlande et de Terre-Neuve. Toutes les fois que l'on change la nature de l'électricité, le fluide accumulé dans ce condensateur, reflue dans le câble quand le courant est interrompu et va détruire dans l'armature l'électricité rémanente. La manipulation spéciale dont M. Varley fait usage pour cette opération, n'est pas, du reste, bien connue.

Fig. 160. — Cr. Varley, ingénieur électricien du câble atlantique.

Il restait à accomplir la seconde partie de la tâche confiée à cette glorieuse expédition. Le câble de 1865 reposait toujours au fond de l'Océan, inactif, et muet, comme les poissons qui lui tenaient compagnie. Il fallait l'arracher à cette inutile existence de loisirs ; il fallait l'atteler au joug avec son frère puîné. Comme un bonheur ne vient jamais seul, cette dernière entreprise réussit au delà de toute attente ; si bien qu'au lieu d'un câble atlantique il en existe deux aujourd'hui, et que l'expédition de 1865, par le fait, n'a pas été perdue. C'est ce dernier épisode qu'il nous reste à raconter.

Le *Terrible* et l'*Albany* partirent le 1er août 1866, pour procéder à la recherche et à la pêche du câble de 1865. Le lendemain, le *Great-Eastern* partit à son tour, accompagné par le *Medway*.

Au départ, le temps était assez gros et le roulis considérable. Mais le roulis du *Great-Eastern* ne ressemble pas à celui d'un navire ordinaire ; c'est un long balancement, d'une lenteur mesurée, qui ne provoque pas cet effet désastreux qu'éprouvent les estomacs délicats, lorsque les vagues et les vents font danser à leur gré un de nos paquebots de dimensions moyennes.

Le 12 août, on se rencontra avec l'*Albany*, et l'on apprit que le lieutenant Temple, ayant jeté les grappins, avait déjà réussi à accrocher le câble perdu.

Le *Great-Eastern* jeta ses premiers grappins, le 13, par un temps très-favorable. Voici comment s'opère ce travail.

On commence par jeter les grappins à une certaine distance au nord de la position présumée du câble ; on laisse filer la corde qui porte les grappins, jusqu'à ce qu'on touche le fond ; puis on se laisse aller à la dérive vers le sud, et on attend que les ancres qui labourent le fond, s'accrochent à l'objet cherché.

La tension subite de la ligne avertit du succès de cette pêche profonde, et l'on peut alors commencer à hisser le câble à bord du navire.

Les machines destinées au relèvement du câble, fonctionnèrent, cette fois, avec un plein succès. Le 17 août, le câble de 1865 fut soulevé par le *Great-Eastern*. Il fit son apparition à la surface de l'Océan, à 10 heures un quart du matin, aux acclamations frénétiques de l'équipage.

Mais ces démonstrations d'enthousiasme cessèrent tout à coup, quand on vit les grappins lâcher leur proie, qui retomba lourdement dans son lit profond de vase et de sable.

Le désappointement fut proportionné à l'enthousiasme qui l'avait précédé, et l'on vit une fois de plus, qu'il y a loin de la coupe aux lèvres.

Le câble, qui s'était montré un moment, était à moitié couvert de vase. On laissa filer de nouveau la corde du grappin, pour recommencer les recherches. L'*Albany* et le *Medway* devaient y coopérer. Il fut alors décidé que le câble, une fois saisi, ne serait élevé qu'à une faible hauteur au-dessus du fond ; qu'on fixerait en ce point, une bouée pour en marquer la place, et que l'on procéderait plus tard au relèvement.

Le dimanche, 19 août, la sonde du *Great-Eastern* surprit pour la seconde fois le fugitif dans les profondeurs où il s'était retiré, et l'on s'empressa de marquer sa place par une bouée. Le temps n'était probablement pas favorable à l'opération du relèvement, car le grappin ne fut jeté de nouveau que le 23.

L'*Albany* et le *Medway* se trompèrent deux ou trois fois sur la nature des obstacles qu'ils rencontraient dans leurs sondages ; ils croyaient avoir harponné le câble, mais quand on voulait hisser les ancres, elles lâchaient prise, et on reconnaissait qu'on avait été le jouet d'une illusion.

Le 25, la provision de cordes d'acier avait déjà diminué assez notablement, par suite de ces opérations. Le *Great-Eastern* et l'*Albany* avaient été forcés de sacrifier chacun, près de quatre kilomètres de ces précieux cordages.

Le lendemain, on passa sur le câble sans pouvoir l'accrocher. C'était la dixième fois déjà que le grelin l'avait traîné sur le fond de l'Océan.

On comprendra mieux les difficultés du relèvement, si l'on songe qu'il fallait deux heures pour descendre le grappin au fond de l'eau ; qu'il ne suffisait pas de trouver le câble, mais qu'il fallait attendre une mer assez calme pour procéder au halage. Pendant ce temps, le navire devait arrêter sa marche et rester en panne aussi exactement que possible, sous peine de briser les appareils.

Le même jour, 26 août, on apprit, par un canot du *Medway*, que ce navire avait cassé le câble et perdu la bouée qui en marquait la place. Mauvaise nouvelle ! Heureusement le lendemain matin, l'*Albany* annonça qu'il avait réussi à rattraper le câble et à y attacher une nouvelle bouée. L'*Albany* avait à son bord les appareils de relèvement dont le *Great-Eastern* avait fait usage l'année précédente. En s'aidant de la bouée, on parvint, dans la soirée, à hisser le câble. Mais le dynamomètre montra bientôt qu'on n'avait repêché qu'un petit morceau détaché de la ligne principale.

Le 30, le Terrible partit pour Saint-Jean de Terre-Neuve, afin d'en rapporter des provisions. Le *Great-Eastern* recommença les sondages plus loin vers l'est, dans une profondeur de 3 475 mètres.

Le lendemain 31, la tension du dynamomètre annonça qu'on était encore une fois tombé sur le câble. Le *Medway* l'avait aussi rencontré, mais son grappin s'était cassé. Le *Great-Eastern* s'assura de la réalité de son succès, en s'avançant d'abord un peu à l'encontre du câble, ce qui diminuait la tension de la ligne de sonde, et en se laissant ensuite aller lentement à la dérive ; on constata que la tension redevenait alors égale à neuf tonnes et demie, ce qui prouvait qu'on était bien amarré au câble. Les machines travaillèrent toute la nuit.

À 4 heures 50 minutes du matin, le 1er septembre, par une mer calme et unie comme un miroir, le câble n'était plus qu'à 1 463 mètres de la surface, et la tension indiquée par le dynamomètre, ne dépassait pas sept tonneaux et demi. À 5 heures 20 minutes, on arrêta le travail de relèvement, et on attacha le câble à une bouée.

Bientôt après, l'*Albany* arriva en vue. Le capitaine de ce vaisseau monta à bord du *Great-Eastern*. Il raconta qu'il s'était trouvé au rendez-vous convenu, mais qu'il y avait été seul. La cause de ce singulier colin-maillard était que le *Great-Eastern* avait été entraîné par un courant, au sud du point choisi pour le rendez-vous.

Vers 10 heures, le temps étant toujours magnifique, les deux navires s'avancèrent de 4 à 5 kilomètres du côté de l'est, et le grelin fut jeté de nouveau, c'est-à-dire pour la quinzième fois !

Le lendemain, dimanche 2 septembre, le câble fut encore une fois accroché et placé sous une bouée, et l'on se disposa à le retirer de l'eau.

Au moment où le grelin avait été jeté, la mer s'était montrée belle et unie comme un étang, sauf une longue lame qui existe toujours à la surface de l'Atlantique. Toutes les circonstances étaient aussi favorables que possible. Le ciel et la mer semblaient s'entendre pour laisser s'accomplir sans la troubler, cette grande opération. Tout le monde se disait que si l'on ne réussissait pas cette fois, il y aurait bien peu d'espoir de réussir un autre jour, car un pareil concours de circonstances favorables est très-rare dans ces parages. Le *Great-Eastern* se laissait aller à la dérive, en suivant la direction du câble, marquée par les bouées ; le courant l'entraînait en ligne droite, comme si sa course avait été tracée sur l'eau à l'aide d'une règle.

À partir de 3 heures trois quarts de l'après-midi, on commença à haler le câble à bord du *Great-Eastern.* La tension mesurée au dynamomètre, variait de 9 à 11 tonnes.

Dans la soirée, un signal donné par le *Medway*, annonça que ce navire avait aussi retrouvé le câble, et l'avait déjà amené à environ 900 mètres de la surface. On lui répondit, du *Great-Eastern*, d'avoir à continuer le relèvement avec toute la rapidité possible, et sans crainte de briser le câble. En effet, une rupture aurait eu l'avantage de diminuer la tension sur les appareils du *Great-Eastern*, et de faciliter ainsi sa tâche. Du côté de l'est, le même effet était obtenu par la bouée qui retenait, depuis la veille, une partie du câble à 1 400 mètres au-dessous de la surface de l'eau.

L'opération du relèvement se poursuivit avec une précision admirable. Vers minuit, l'avant-proue du *Great-Eastern* était remplie de monde. On n'y voyait pas seulement le personnel ordinaire de la veillée, mais tous ceux que leur devoir ne retenait pas dans une autre partie du navire. Tous voulaient être témoins du résultat de ce dernier essai. Les canots de l'*Albany* et du *Medway*, se trouvaient tout près, c'est-à-dire sous les flancs, de l'immense navire, pour recueillir les matelots qui, suspendus aux cordes qu'on avait descendues le long du *Great-Eastern*, pourraient tomber à la mer en accomplissant leur périlleuse besogne. Les hommes qui occupaient ces canots devaient aussi surveiller l'immersion des cordages d'acier auxquels était attaché le grappin.

À une heure du matin, le grappin parut à la surface de l'eau, avec le câble de 1865. Il régnait en ce moment, à bord du *Great-Eastern*, un silence absolu. Seule, la voix du capitaine Anderson retentissait de temps à autre. Ce calme, cette tension des esprits, contrastaient avec les cris d'enthousiasme et les bruyantes démonstrations de joie qui avaient accueilli, le dimanche précédent, la première apparition du câble à la surface de l'eau.

Fig. 161. — Sir W. Thomson, ingénieur électricien du câble atlantique.

Les ouvriers qui devaient s'emparer du câble, à mesure qu'il sortait de l'eau, furent alors descendus au moyen de cordes attachées autour de leur corps (*fig.* 162), et ils se mirent à fixer sur le câble d'énormes étoupes. On l'attacha ensuite à des cordes de chanvre de cinq pouces, dont l'une était destinée à protéger la gauche, l'autre la droite du pli que formait le câble. On constata alors qu'il était si bien saisi entre les pattes du grappin, qu'il fallut descendre l'un des ouvriers jusqu'à cet instrument à griffes, pour dégager le câble de son étreinte, à coups de marteau. Au bout d'un quart d'heure de travail, il était enfin libre et en état d'être hissé.

À un signal donné, les ouvriers hissèrent le bienheureux revenant jusqu'à bord du *Great-Eastern*. On l'enroulait sur les immenses poulies qui l'attendaient ; de là, il arrivait aux appareils installés sur le pont.

À ce moment encore, l'équipage, habitué à tant de déceptions, restait silencieux et attentif, n'osant se livrer à une joie expansive ; mais tout le monde voulait toucher le câble et s'assurer de ses propres mains, à la manière de saint Thomas, du succès définitif de cette difficile entreprise.

Fig. 162. — Le Great-Eastern relevant le câble atlantique perdu en 1865.

Les chefs de l'expédition s'étaient assemblés dans le cabinet télégraphique, MM. Daniel Gooch, Cyrus Field, le capitaine Hamilton, Canning, Clifford, Deane, Thomson, et d'autres personnages considérables, attendaient avec une anxiété facile à comprendre, l'arrivée de l'extrémité du câble, pour s'assurer de son état de conservation comme conducteur électrique. Enfin on vit paraître à la porte du cabinet, et tenant le bout de câble à la main, M. Willoughby Smith, l'électricien en chef. La jonction fut opérée avec l'appareil des signaux télégraphiques, et M. Smith s'assit en face de cet appareil, au milieu d'un religieux silence. Personne n'osait respirer ; on lisait, sur les traits de l'expérimentateur, l'émotion qu'il éprouvait en commençant l'épreuve consistant à reconnaître si, après un an de submersion, le câble conservait encore la propriété de conduire l'électricité d'une manière satisfaisante.

Au bout de dix minutes d'attente, M. Smith déchargea toutes les poitrines du poids qui pesait sur elles, en déclarant, qu'autant qu'il pouvait en juger, l'isolement était parfait.

Une minute après, il jeta son chapeau en l'air, et poussa un *hourrah*, qui fut répété par toute l'assemblée. Les cris d'enthousiasme, longtemps contenus, éclatèrent alors d'un bout à l'autre de l'immense navire.

Deux fusées, lancées par le *Great-Eastern*, annoncèrent aux autres bâtiments le succès définitif de l'opération, et des acclamations joyeuses répondirent aussitôt à cette bonne nouvelle.

M. Canning s'empressa d'adresser à monsieur Glass, directeur de la Compagnie du télégraphe transatlantique, un message auquel on ne tarda pas à répondre de Valentia.

En quelques heures, la soudure était faite avec le câble complémentaire qui se trouvait à bord du *Great-Eastern*, et on put commencer à le dévider, en reprenant la route suivie en 1865.

Le 8 septembre, le *Great-Eastern* était parvenu à Terre-Neuve, après avoir déroulé la totalité du vieux câble. Le lendemain, le *Medway* posait le *câble côtier*qui complétait la seconde ligne télégraphique à travers l'Océan.

Ainsi l'existence du second câble transatlantique est un fait accompli. Ce second conducteur est aujourd'hui employé, comme son aîné, à expédier des dépêches ; si bien qu'en ce moment, deux câbles télégraphiques, au lieu d'un, servent de lien entre les deux mondes et que deux fils télégraphiques sont déposés au fond de l'Océan, à des profondeurs de 3 000 à 4 000 mètres, à l'abri des tempêtes qui agitent sa surface. En quelques minutes des dépêches sont échangées entre l'Amérique et l'Europe, et il ne faut pas plus de temps pour recevoir des nouvelles de New-York, qu'il n'en faut pour correspondre de Paris à Marseille par le télégraphe électrique.

Dieu est grand, et la science est belle !

CHAPITRE XV

EFFET PRODUIT EN EUROPE PAR LE SUCCÈS DU CÂBLE TRANSATLANTIQUE.

Après la réussite de cette glorieuse entreprise, le gouvernement anglais ne perdit pas de temps pour récompenser les hommes intelligents et hardis qui, par leur énergie et leur savoir, avaient le plus contribué à faire réussir une œuvre dont les résultats tiennent de la féerie.

La reine d'Angleterre conféra les titres de baronnet à sir Daniel Gooch, ingénieur, et à sir Lampson, président de la *Compagnie du câble atlantique* ; les titres de chevalier au capitaine sir James Anderson, à sir Samuel Canning, ingénieur en chef, et à sir William Thomson, dont les nombreux travaux et les remarquables découvertes avaient puissamment contribué au succès de l'entreprise, et qui dans la dernière campagne, avait rempli les fonctions d'ingénieur électricien.

D'un autre côté, M. Cyrus Field, que l'on pourrait appeler le génie du câble anglo-américain, fut convié à New-York, à un grand banquet, où il fit l'histoire de cette difficile entreprise.

Nous emprunterons à ce discours quelques lignes émues, dans lesquelles M. Cyrus Field compte tous ceux de ses collaborateurs qui sont tombés à côté de lui, sans pouvoir assister au succès final de l'œuvre commune.

« Le capitaine Hudson, dit-il, est descendu au tombeau, Woodhouse, l'ingénieur anglais, qui était avec nous à bord du *Niagara*, repose dans sa terre natale. D'autres qui s'associèrent de bonne heure aux débuts de l'œuvre, ne sont plus. Le lieutenant Berryman, qui fit les premiers sondages au travers de l'Atlantique, est mort, pour son pays, dans la dernière guerre, à bord de son navire. John W. Brett, mon premier associé en Angleterre, Samuel Statham, William Brown, le premier président de la compagnie de télégraphie transatlantique et bien d'autres sont morts également. Ma première pensée ce soir est pour les morts, et mon seul regret c'est que ceux qui travaillèrent si consciencieusement avec nous, ne soient pas là pour partager le triomphe. »

M. Cyrus Field, après avoir résume l'histoire du câble, raconte un fait qui prouve les progrès auxquels on est parvenu en l'espace de huit ans.

« Pour montrer combien ces cordes merveilleuses sont délicates, il suffira d'établir qu'elles fonctionnent avec les plus petites batteries. Quand le premier câble fut immergé, en 1858, les électriciens crurent que pour faire circuler un courant dans un câble de plus de 3 000 kilomètres de long, il fallait employer un courant extrêmement énergique. Or, M. Latimer Clarke a télégraphié d'Irlande au travers de l'Océan, avec une batterie formée dans le dé d'une dame ! Et maintenant M, Collett m'écrit de Heart's-Content : « Je viens d'envoyer mes compliments au docteur Gould, de Cambridge, qui est à Valentia, avec une batterie composée d'une capsule, d'une parcelle de zinc, et d'une goutte d'eau, à peine une larme ! » Un télégraphe qui fonctionne ainsi peut être, je le crois, considéré comme parfait. »

Insistons sur ce fait, vraiment extraordinaire, de la faible intensité qu'il suffit de donner au courant électrique, pour lui faire traverser toute l'étendue de l'Océan. M. Cyrus Field vient de nous dire que l'on a télégraphié par le câble atlantique, avec une batterie formée dans le dé d'une dame. En effet, on avait placé dans un dé en zinc, un peu d'eau acidulée par l'acide sulfurique, et le bout d'un fil de cuivre touchant l'extérieur du dé, composait toute la pile qui envoya le courant de l'Irlande à Terre-Neuve. Comme on vient de le dire, on parvint au même résultat en plaçant dans une capsule de cuivre qui forme l'amorce des fusils de chasse, un petit fragment de zinc et une goutte d'eau. Le courant de cet appareil microscopique a suffi pour former des signaux télégraphiques, de Valentia à Terre-Neuve.

N'est-ce pas, chers lecteurs, que le titre que porte cet ouvrage, *Merveilles de la science*, est bien justifié !

Nous n'avons pas besoin de dire que les persévérants actionnaires du télégraphe transatlantique ont été largement récompensés de leurs sacrifices. Le haut prix des dépêches expédiée par le câble atlantique, ainsi que le nombre de ces dépêches, ont fait promptement prospérer cette entreprise. Dans les premiers temps, chaque mot expédié parle fil qui relie les deux mondes, coûtait 1 livre sterling (25 fr.). À ce taux, on comprend que la Compagnie réalisât de grands bénéfices. Seulement, il résultait de ce haut prix, qu'il n'était pas permis à tout le monde de se servir du télégraphe transatlantique, comme autrefois, il n'était pas permis à tous d'*aller à Corinthe.* On aurait beaucoup désiré, en Angleterre et en France, recevoir par le câble télégraphique, le message complet du président des États-Unis, au mois d'octobre 1866. Mais on dut se contenter d'un court extrait de ce document, attendu que le message du président Johnson contenant plus de 4 000 mots, aurait coûté par le télégraphe atlantique, plus d'un million. Depuis cette époque, le prix des dépêches a été réduit de moitié.

Et maintenant, on peut le dire, les fictions et les fantaisies de la poésie sont dépassées par les résultats de la science humaine. Shakespeare est au-dessous de la réalité, lorsqu'il fait dire à Puck, le plus léger des sylphes :

I will put a girdle round about the earth in forty minutes. (Je mettrai une ceinture autour de la terre en quarante minutes.) » Pauvre Puck ! Sylphe suranné ! Tu peux entrer aux Invalides ! L'électricité est plus ingambe que toi. Tu demandes quarante minutes pour faire le tour de la terre ; eh bien, si notre globe était complètement entouré d'un fil métallique, un courant électrique en ferait le tour en moins d'une seconde ! Ainsi le positif de la science moderne dépasse encore le merveilleux de la poésie, et malgré tout son génie, lc vicuxShakespeare est dépassé !

Cette vitesse incroyable donne lieu aux plus singuliers résultats. Une dépêche envoyée de Londres à New-York, c'est-à dire de l'est à l'ouest, arrive plusieurs heures avant son départ.

New-York étant situé près du 76° degré de longitude à l'ouest de Paris, a ses horloges plus de cinq heures en retard sur celles de Paris, de sorte que lorsqu'il est chez nous 10 heures du matin, heure où commencent les affaires, les montres des habitants de la grande cité américaine, ne marquent que 5 heures du matin, c'est-à-dire une heure où l'on dort encore d'un profond sommeil.

Quand on se lève à New-York, il est midi à Paris ; quand on dîne dans cette dernière ville (vers 5 heures du soir), on déjeune dans la première ; et quand on dîne à New-York on se couche à Paris. Il résulte de là que les dépêches envoyées d'Angleterre ou de Paris à New-York, arrivent quelques heures avant d'être parties, si l'on s'en rapporte aux horloges de chacune de ces villes.

Tous ces résultats tiennent à la différence de longitudes de ces deux parties du monde et à ce que la vitesse de transport de l'électricité est infiniment plus grande que la vitesse de rotation de la terre sur son axe. Mais ils n'en sont pas moins dignes d'être cités comme une des preuves les plus frappantes et les plus singulières à la fois, des merveilles accomplies par la science moderne.

Nous souhaitons longue vie au câble transatlantique. Déjà sa brillante réussite et son admirable fonctionnement, ont eu un résultat plein d'éloquence. Ils ont fait renoncer au projet, caressé, étudié depuis plus de dix ans, qui consistait à établir une communication télégraphique entre les deux mondes, par le nord de la Russie et le Canada. En présence des beaux résultats du câble atlantique, on a reconnu qu'une ligne aérienne traversant le nord de la Russie et l'extrême nord de l'Amérique, ne rapporterait jamais ce qu'elle aurait coûté, et cette entreprise a été abandonnée. C'est là un nouveau triomphe pour le câble atlantique.

Ainsi ont été démenties les prévisions néfastes de M. Babinet. Le spirituel et célèbre académicien français s'est toujours montré opposé au télégraphe transatlantique. Pendant tous les travaux, il n'épargnait pas les prédictions décourageantes, et le succès définitif de l'entreprise le surprit étrangement. Lorsqu'au mois de septembre 1866, ce succès était connu et admiré de l'Europe entière, M. Babinet faisait encore du câble océanien, une critique, qui, pour être scientifique dans la forme, n'en était pas moins une manifestation peu déguisée de défiance. Il exprimait devant l'Académie des sciences, le désir que l'on se hâtât de mettre à profit, pour déterminer les différences de longitude de New-York et de Paris, le câble atlantique, lequel, disait-il charitablement, n'avait pas longtemps à vivre. « Hâtez-vous, disait-il, car dans peu il sera trop tard. »

Cette prédiction devait être singulièrement démentie. On se hâta, en effet, selon le désir de M. Babinet, de déterminer la longitude astronomique des deux villes dont il s'agit ; mais depuis cette époque, le câble a continué de fonctionner parfaitement. Et non-seulement le câble de 1866 fonctionne parfaitement, mais le câble de 1865 retiré des profondeurs de l'Océan, marche tout aussi bien que son frère aîné. Enfin tous ces résultats ont décidé, comme nous venons de le dire, l'abandon du projet de télégraphie russo-américaine, prôné par M. Babinet.

Nous ne terminerons pas cette notice, sans remercier M. George Saward, secrétaire de la *Compagnie du télégraphe anglo-américain*, pour les précieux documents qu'il a bien voulu nous expédier de Londres, et qui, joints à l'ouvrage illustré de M. W. H. Russell, *The atlantic Télégraph*, ont beaucoup facilité le travail qu'on vient de lire.

ISBN : 978-1519556530

www.ingramcontent.com/pod-product-compliance
Lightning Source LLC
Chambersburg PA
CBHW051505170526
45166CB00001B/394

* 9 7 8 1 5 1 9 5 5 6 5 3 0 *